Jürgen Prokop

Entwicklung von Spritzgießsonderverfahren zur Herstellung von Mikrobauteilen durch galvanische Replikation

Entwicklung von Spritzgießsonderverfahren zur Herstellung von Mikrobauteilen durch galvanische Replikation

von
Jürgen Prokop

Dissertation, Albert-Ludwigs-Universität Freiburg
Fakultät für Angewandte Wissenschaften, 2010
Tag der mündlichen Prüfung: 20.12.2010

Impressum

Karlsruher Institut für Technologie (KIT)
KIT Scientific Publishing
Straße am Forum 2
D-76131 Karlsruhe
www.ksp.kit.edu

KIT – Universität des Landes Baden-Württemberg und nationales
Forschungszentrum in der Helmholtz-Gemeinschaft

KIT Scientific Publishing 2011
Print on Demand

ISSN 2192-9963
ISBN 978-3-86644-755-2

Danksagung

Die vorliegende Arbeit entstand während meiner Tätigkeit als wissenschaftlicher Mitarbeiter am Institut für Angewandte Materialien – Werkstoffprozesstechnik (ehemals Institut für Materialforschung III) des Karlsruher Instituts für Technologie (KIT) in den Jahren 2006-2010. An dieser Stelle möchte ich mich bei allen herzlich bedanken, die zum Gelingen dieser Arbeit beigetragen haben.

Mein besonderer Dank gilt dem Leiter des IAM-WPT, Herrn Prof. Dr.-Ing. Jürgen Haußelt, zusätzlich Leiter des Lehrstuhls für Werkstoffprozesstechnik des Instituts für Mikrosystemtechnik der Albert-Ludwigs-Universität Freiburg, für die Anregung zu dieser Arbeit, seine stete Diskussionsbereitschaft, sowie die inspirierende wissenschaftliche und persönliche Betreuung. Nicht zuletzt möchte ich ihm für die kritische Durchsicht meiner Dissertationsschrift danken.

Herrn Prof. Dr.-Ing. Dr.-Ing. E.h. Walter Michaeli möchte ich herzlich für die Übernahme des Korreferats dieser Arbeit und seine motivierende Art bei den Forschergruppentreffen danken.

Besonders danken möchte ich meinen Kollegen Heinz Walter und Jürgen Moch, die meine Arbeit auf ihre Art beeinflusst und dadurch zum Gelingen beigetragen haben.

Bedanken möchte ich mich auch bei Herrn Dr. Volker Piotter, der durch seine Diskussionsbereitschaft und sein ständig offenes Ohr meine Ideen unterstützt hat und durch kritische Worte die Arbeit in weiten Teilen gefördert hat.

Julia Lorenz gebührt Dank für Ihren unermüdlichen Einsatz bei der Herstellung von Mikrobauteilen und Diskussionen und Anregungen rund um die Galvanoformung. Ein besonderer Dank auch an Herrn Dr. Ritzhaupt-Kleissl für die Diskussionen und die vielen interessanten Gespräche ohne Termin. Weiterhin möchte ich mich bei allen Studienarbeitern und Hilfswissenschaftlern allen voran Alexander Roch, Jochen Heneka und Patrik Prüfe für ihren Beitrag zu dieser Arbeit bedanken.

Ich danke Dr. Guido Finnah für die Vorarbeiten und die reibungslose Übergabe.

Markus Welz, Marian Kruchem und Tobias Müller danke ich besonders für die Unterstützung in den letzten Monaten dieser Arbeit.

Matthias Funk und Dr. Chris Eberl danke ich für alle Unterstützungen rund um die Mikroermüdungsprobe.

Für die Arbeit im Hintergrund danke ich Karin Seitz, Jana Herzog, Radmilla Kless und Barbara Emmerich.

Mein Dank gebührt allen Mitarbeitern des Instituts, die mit ihrem Beitrag diese Arbeit unterstützt haben. Für den vielseitigen Beistand bei Geräteeinführungen, Konstruktionsideen, Anwendung wissenschaftlicher Methoden, Softwareproblemen, Kabelanschlüssen aber auch für unkomplizierte Hilfe bei Herausforderungen vielfältiger Art möchte ich mich herzlich bedanken, insbesondere bei den Herren Dr. Steffen Antusch, Dr. Johannes Böhm, Sascha Enke, Wolfgang Ernst, Jürgen Glaser, Peter Holzer, Klaus Plewa, Dr. Michael Schulz, Roland Vouriot und Tobias Welker.

Meinen Kolleginnen Verena Widak und Elvira Vorster danke ich für ihre Gesprächsbereitschaft und Aufmunterungen.

Den Kollegen in der Forschergruppe (FOR 702) danke ich für die Anregungen und Diskussionen rund um den gemeinsamen Demonstrator und insbesondere Thomas Kamps für die Zugprobenuntersuchungen.

Danken möchte ich auch Herrn Dr. Ruprecht für das Vertrauen in meine Person und die Führung im ersten Jahr meiner Beschäftigung am IMF III.

Für die Unterstützung von Seiten der Industrie danke ich der Evonik Industries AG für die Bereitstellung von Material und Herrn Ronniger von der Firma CRGraph für die Möglichkeit, kostenfrei die statistische Versuchssoftware Xsel nutzen zu dürfen.

Von Anfang bis Ende war für mich die Familie und der Freundeskreis der notwendige Rückhalt und Ausgleich. Dafür möchte ich mich besonders bei meinen Eltern bedanken, die mir mein Studium ermöglicht und mich nach besten Kräften unterstützt haben. Meinen Brüdern danke ich für vielseitige Unterstützungen und den entscheidenden Hinweis zu meiner Berufswahl. Ich danke meinen Freunden, insbesondere der alten Sega-Kaffeerunde für die entspannten Stunden, um den Kopf für die Arbeit wieder frei zu bekommen.

Ganz besonders möchte ich mich bei meiner Frau Sabrina bedanken, die mich motiviert hat, korrigiert hat, wenn nötig abgelenkt hat und mich immer wissen gelassen hat, dass sie für mich da ist.

Jürgen Prokop

Kurzfassung

Gegenstand der vorliegenden Arbeit ist die Entwicklung eines Verfahrens, bei dem über das **Mehrkomponenten-Spritzgießen**, kombiniert mit der **Galvanoformung** (**MSG**-Prozess), metallische Mikrobauteile mit Oberflächenrauheiten von $R_z < 1$ µm hergestellt werden können. In dem Verfahren wird die hohe Abformgenauigkeit des Kunststoffspritzgießens genutzt, um LIGA-Strukturen über die galvanische Replikation hochgenau zu kopieren. Dadurch entstehen metallische Bauteile mit zur LIGA-Technik vergleichbar guten Oberflächenqualitäten.

Für die Umsetzung der Verfahrensentwicklung mussten verschiedene Entwicklungsschritte durchlaufen werden:

Um die notwendigen homogen elektrisch leitfähigen Bauteile aus rußgefülltem Polymer herzustellen, wurde anhand von Versuchsserien aufgezeigt, dass durch eine gestufte Einspritzgeschwindigkeit Oberflächenwiderstandswerte von ca. 30 Ω reproduzierbar eingestellt werden können. Anschließend wurden die hergestellten Spritzgussbauteile galvanisch beschichtet. Basierend auf Messungen des elektrischen Oberflächenwiderstands konnte durch Simulationsrechnungen (MOLDFLOW) gezeigt werden, dass ein linearer Zusammenhang zwischen Oberflächenwiderstand und der errechneten Scherrate besteht.

In einem weiteren Entwicklungsschritt wurden als Voraussetzung für nachbearbeitungsfreie Mikrobauteile über die galvanische Replikation die notwendigen Prozessparameter zur Herstellung von spaltfreien mikrostrukturierten Zweikomponentenbauteilen optimiert. Zur Bestätigung der Verbundqualität zwischen der elektrisch leitfähigen und der isolierenden Komponente wurde ein spezielles auf dem Röntgenkontrast basierendes Verfahren entwickelt. Hiermit kann die Spaltgröße in diesen speziellen Zweikomponentenbauteilen sichtbar gemacht werden, was für die statistische Versuchsauswertung notwendig ist. Als Ergebnis ließen sich durch die Vermeidung der Spaltbildung fehlerfreie Mikrobauteile mit hoher Oberflächenqualität herstellen.

Die Qualifizierung des Verfahrens wurde anhand der Herstellung zweier Demonstratoren nachgewiesen. Dabei handelt es sich um Spulenkerne einer Mikrozange und um Mikroermüdungsproben für die Bestimmung mechanischer Kennwerte von galvanisch abgeschiedenen Materialien. Die Realisierung des Demonstrators „Mikrozange" und die erfolgreiche Replikation der Mikroermüdungsproben, deren originäre Struktur über das LIGA-Verfahren hergestellt wurde, mit nahezu identischen Oberflächeneigenschaften der Replikate, zeigt das Potential dieses Verfahrens für die Mikrotechnik.

Ausgehend von den im Laufe des Entwicklungsprozesses gewonnenen Erfahrungen, wird eine erweiterte Werkzeugtechnik vorgestellt, Ausblicke zur zukünftigen Anwendung des MSG-Verfahrens und allgemein zur Herstellung mehrkomponentiger Mikrobauteile dargestellt und diskutiert.

Abstract

This thesis deals with the development of a process combining multi-component injection moulding with electroplating, the so-called MSG process (German acronym for multi-component [MS] and electroplating [G]). By means of this process, metallic microparts can be produced with a surface roughness better than R_z - 1 µm. Accurate reproduction of surface details by the injection moulding process and micro electroplating allows for the production of copies of LIGA structures in high-precision quality. This technique shall be applied to manufacture metallic microparts with surface qualities comparable to the LIGA process.

To meet these requirements, several development steps were made:

In order to produce homogeneous, electrically conductive parts from carbon black-filled polymers, the injection rate was analysed. It was found that a staged injection rate allows for the highly reproducible moulding of structures with a surface resistance of 30 Ω. These structures were subjected to electroplating. Comparison of the measured and simulated results (MOLDFLOW) revealed a linear correlation between the surface resistance and the calculated shear rate.

In a next development step, the necessary optimisation of injection moulding parameters accomplished to produce two-component micro parts that do not require any secondary finishing. In particular, two-component parts without any layer gaps were produced. In order to confirm the bonding quality between the insulating and the electrically conductive component, a special X-ray method was developed. Using this technology, the layer gap size between these two component parts can be analysed. This is necessary for the design of experiments. By avoiding the layer gaps, defect-free microparts with high surface qualities could be produced.

Qualification of this MSG process was verified by replicating two demonstrators, micro coil cores of a microgripper and a microspecimen for fatigue analyses of electroplated materials. Manufacture of the "microgripper demonstrator" and the successful replication of the microspecimen, whose original structure had been produced by the LIGA process, demonstrated the potential of this process cycle for microengineering. The replicated microparts showed surface characteristics which were nearly identical to the original ones.

Based on the experience gained, an extended tool technique is presented and further development of the MSG process and the production of multi-component microparts are illustrated and discussed.

Inhaltsverzeichnis

VIII

1 Einleitung und Zielsetzung

Die Mikrosystemtechnik hat sich in den letzten Jahren zu einem wichtigen Arbeitsfeld in Deutschland entwickelt. Etwa 680 000 Arbeitsplätze sind aktuell in Deutschland direkt oder indirekt mit der Mikrosystemtechnik verbunden (Gessner 2008). Durch neue Fertigungsmethoden der Mikrotechnik wird diese Entwicklung weiter vorangetrieben. Besonders in der Medizintechnik und der Sensorentwicklung werden durch neue Verfahren der Mikrofertigung innovative Produkte und Produktionsprozesse möglich. In den letzten Jahren nehmen dabei die nicht-Silizium-basierten Mikrobauteile einen besonderen Stellenwert ein. Durch den Einsatz dieser Materialien, zum Beispiel in Sensoren und Aktoren, ergeben sich vielseitige innovative Anwendungsfelder. Die Produktpalette beinhaltet dabei mechanische, optische, elektronische und fluidische Produkte (Heimer et al., 2005). Viele dieser neuen Produkte sind noch in der Konzeptphase und warten auf die Markteinführung. Problematisch ist, dass oft erst am Ende der Entwicklung die Frage nach geeigneten Herstellverfahren für eine wirtschaftliche Fertigung gestellt wird.

Die dadurch benötigte Weiterentwicklung von Herstellverfahren auch für metallische Mikrobauteile aus dem Labormaßstab in die Massenproduktion wird zum einen von der Industrie, zum anderen von wissenschaftlichen Einrichtungen vorangetrieben. Eine große Herausforderung jedes mikrotechnischen Herstellverfahrens ist es dabei, die mikrospezifischen Anforderungen, die an die Oberflächeneigenschaften der Bauteile gestellt werden, zu erfüllen. Dazu wurden viele der im Makroskopischen bekannten Fertigungsverfahren optimiert und erfolgreich in der Mikrotechnik angewandt.

Es existieren sowohl materialabtragende, trennende als auch materialaufbauende Fertigungsvarianten. Zu den materialabtragenden Verfahren zählen die mechanische Mikrofertigung, das Präzisionsfräsen, die Laserablation, das Laserschneiden, das Senk- und Drahterodieren und das elektrochemische Ätzen. Zu den materialaufbauenden Verfahren werden Mikrogalvanoformung und das Urformverfahren Pulverspritzgießen gerechnet.

Es gibt aber auch komplexere Fertigungsverfahren, die nur im Mikrobereich eingesetzt werden und auch nur hier sinnvoll eingesetzt werden können. Der bekannteste Vertreter dieser „komplexen Verfahren der Mikrotechnik" ist die LIGA-Technik, die

bereits Jahre vor der Begriffsfindung „Mikrosystemtechnik" in einer ersten Veröffentlichung genannt wird (Becker et al., 1982). Mit diesem Fertigungsverfahren können
Bauteile mit Oberflächenqualitäten im Submikrometerbereich realisiert werden. LIGA
steht als Akronym für Li – Lithographie, G – Galvanik und A – Abformung.

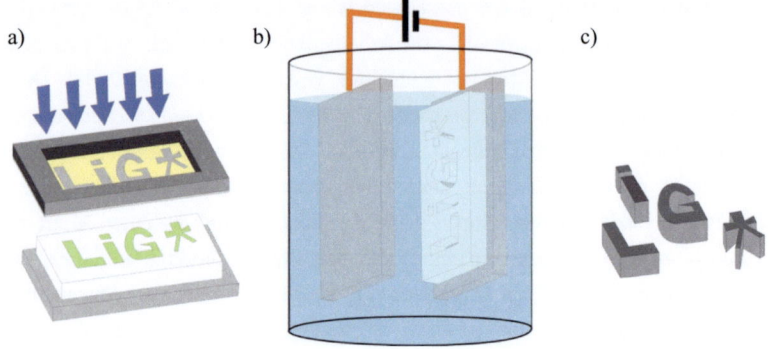

Abbildung 1: Teilprozesse Lithographie (a) und Galvanik (b) bei der Herstellung von metallischen LIGA-Bauteilen (c)

Bei der Herstellung von metallischen Mikrobauteilen durch dieses Verfahren wird
zuerst ein Polymer lithographisch strukturiert, Abbildung 1 a. In die dabei entstandenen Strukturen wird galvanisch ein Metall abgeschieden, Abbildung 1 b, und die dabei
entstandenen metallischen Mikrobauteile werden entformt, Abbildung 1 c. Eine genauere Erklärung der Einzelschritte wird im Kapitel „Stand der Forschung" erfolgen.
Der ausschließliche Nutzen dieses Verfahrens lag zu Beginn der Entwicklung darin,
Trenndüsen herzustellen, die eine Isotropentrennung zwischen U-238 und U-235 er-
möglichen. Dies ist für die Herstellung von leicht mit U-235 angereichertem Kern-
brennstoff für die Standard-Leichtwasserreaktoren notwendig.

Durch die späteren Entwicklungen von Produkten in Mikrodimensionen und die viel-
versprechenden Möglichkeiten des LIGA-Verfahrens ergaben sich schnell Anwendungsfelder dieser Technik für Bauteile in Geräten der Mikromedizin und Analytik.
Auch im Bereich der mechanischen Komponenten zeigte sich in den letzten Jahren ein
Wachstum des Einsatzes von LIGA-Bauteilen. So finden sich LIGA-gefertigte Ge-
triebekomponenten in vielen Armbanduhren des oberen Preissegments (Bacher &
Saile, 2006). Auch für Spezialanwendungen beispielsweise bei der Chipfertigung

werden Planetengetriebe benötigt, die bis auf den Mikrometer genau positioniert werden können. Auch hier wird die LIGA-Technik eingesetzt, um die Einzelkomponenten zu fertigen (Ouyang et al., 2007). Das Flexspline Getriebe der Firma Mikromotion ist ein Beispiel für ein solches genau positionierbares Mikrosystem (Kirsch & Degen, 2008).

Ein Nachteil der dabei verwendeten Direkt-LIGA-Verfahren sind die vergleichsweise hohen Kosten für die Herstellung der Vorformen für die Metallabscheidung. Seit der Entwicklung der LIGA-Technik wurden deshalb verschiedene Konzepte untersucht, um diese durch kostengünstiges Kopieren der hergestellten Strukturen zu reduzieren. Dabei wird zuerst ein LIGA-Formeinsatz hergestellt und durch ein Replikationsverfahren eine inverse Struktur des LIGA-Formeinsatzes erzeugt. Diese inverse Struktur wird in einem darauffolgenden Galvanikschritt metallisch gefüllt und somit eine identische Kopie der LIGA-Struktur hergestellt, Abbildung 2.

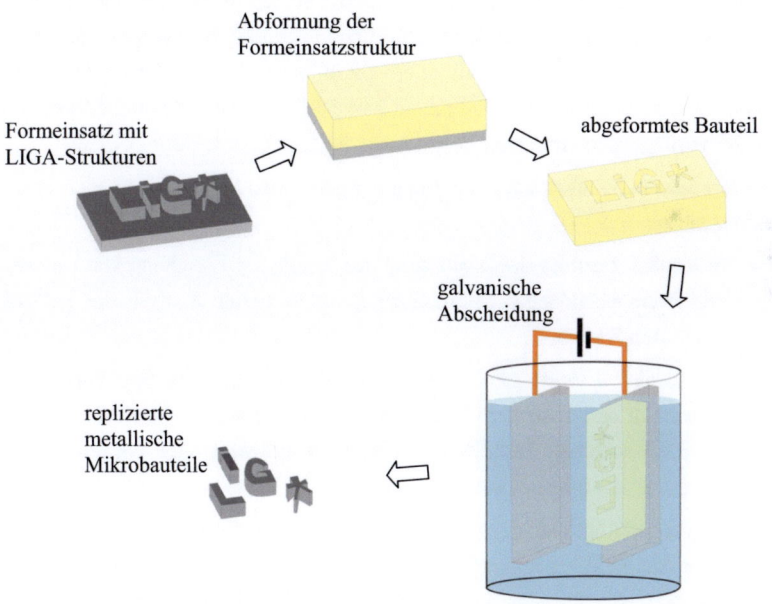

Abbildung 2: Prinzipielle Vorgehensweise bei der Replikation von LIGA-Strukturen durch Abformung und galvanische Abscheidung auf der Abformung

Da bei der Herstellung des LIGA-Formeinsatzes und auch bei der Replikation der Strukturen die Galvanik angewendet wird, spricht man in diesem Zusammenhang umgangssprachlich von der „zweiten Galvanik". Die unterschiedlichen Versuche, abgeformte LIGA-Strukturen zur Vervielfältigung der Mikrobauteile zu nutzen, werden im „Stand der Forschung" vorgestellt. Es zeigt sich, dass es bislang nicht gelungen ist, erfolgreich LIGA-Strukturen in großen Stückzahlen fehlerfrei zu replizieren.

Andere replizierende Verfahren für metallische Mikrobauteile, wie das Mikropulverspritzgießen, zeichnen sich zwar durch eine hohe Automatisierbarkeit aus, es können jedoch keine metallischen Bauteile mit Oberflächenqualitäten besser als $R_z = 4$ µm hergestellt werden. Daher bedarf es eines mikrotechnischen Fertigungsverfahrens, das sowohl hochgradig automatisierbar ist, als auch die Herstellung metallischer Mikrobauteile mit besten Oberflächenqualitäten gewährleistet.

Ziel der vorliegenden Arbeit ist, aufbauend auf diesem Bedarf, ein Verfahren zu entwickeln, mit dem metallische Mikrobauteile mit guten Oberflächenqualitäten in großen Stückzahlen und unter Beachtung der Herstellkosten gefertigt werden können. Grundlage sind dabei die Verfahren der „zweiten Galvanik". Ein weiteres Ziel ist es hierbei auch, das Verfahren dergestalt zu erweitern, dass sich auch Strukturen kopieren lassen, die nicht über die LIGA-Technik hergestellt werden. Für dieses Verfahren wird in der vorliegenden Arbeit der Begriff „galvanische Replikation" gewählt.

Die durchgeführten Arbeiten zur Erreichung der genannten Ziele gliedern sich in folgende Abschnitte:

- In Kapitel 2 erfolgt die Darstellung des Stands der Forschung von Herstellverfahren metallischer Mikrobauteile mit vertiefter Analyse der galvanischen Replikation.

- In Kapitel 3 wird ein neues Verfahren der galvanischen Replikation entwickelt und analysiert. Dazu wird das Verfahren auf im Stand der Forschung bestehende Defizite hin untersucht und Methoden vorgestellt, wie diese Defizite behoben werden können.

- Kapitel 4 befasst sich eingehend mit der Untersuchung des für die galvanische Abscheidung notwendigen, homogen verteilten, elektrischen Oberflächenwiderstandes von Spritzgussbauteilen. Durch die Analyse von neuen elektrisch leitfähigen Compounds wird ein erweitertes Prozessverständnis für die Abformung von elektrisch leitfähigen Gemischen durch Spritzgießen entwickelt. Aufbauend auf diesem Verständnis lassen sich homogen elektrisch leitfähige Bauteile für die galvanische Abscheidung abformen.

- In Kapitel 5 wird mit Hilfe der statistischen Versuchsplanung und einer neu entwickelten Röntgenschattenmethode die Spaltbildung beim Zweikomponentenspritzgießen eingehend untersucht und Parameter für die Abformung spaltfreier Bauteile bestimmt.

- In Kapitel 6 werden die Ergebnisse der generierten Prozessparameter anhand von Demonstratorbauteilen validiert.

- In Kapitel 7 wird, aufbauend auf den Ergebnissen der vorhergehenden Kapitel, eine neue innovative Verfahrensidee und deren Werkzeugkonzeption vorgestellt, durch die über ein alternatives Spritzgießsonderverfahren Vorformen für die galvanische Replikation hergestellt werden können.

- In Kapitel 8 erfolgt eine Zusammenfassung der Arbeit, es werden Schlussfolgerungen getroffen und ein Ausblick gegeben.

2 Stand der Forschung

In diesem Kapitel werden die Herstellverfahren für metallische Mikrobauteile vorgestellt. Dazu erfolgt die Einteilung der Fertigungsverfahren in ihre Grundprinzipien. Durch eine vertiefte Analyse der Verfahren der „zweiten Galvanik" werden die Grundlagen für die galvanische Replikation erarbeitet. Das Kapitel endet mit einer Einordnung der bestehenden Herstellprozesse bezüglich der erreichbaren Oberflächenqualitäten und der Tauglichkeit für die Massenfertigung.

2.1 Herstellverfahren von metallischen Mikrokomponenten

Der Ursprung vieler Fertigungsverfahren der Mikrotechnik liegt in der Makrotechnik. Die Miniaturisierung der im makroskopischen Bereich etablierten Verfahren wurde seit Beginn der Mikrotechnik sukzessive vorangetrieben, und immer neue Fertigungsoptimierungen erlauben die Herstellung von immer kleineren Details und besseren Oberflächenqualitäten. Zusätzlich gibt es Fertigungstechniken, die nur für die Herstellung von Mikrobauteilen eine umsetzbare Alternative bieten. Wie in der Makrotechnik hängen auch in der Mikrotechnik die Eigenschaften der gefertigten Bauteile vom Fertigungsverfahren ab. Auch die Designfreiheit, die erreichbaren minimalen Details, die Detailtreue, die Reproduzierbarkeit, die zur Verfügung stehende Materialpalette sowie die Skalierbarkeit sind vom Fertigungsverfahren abhängig.

Bedingt durch das große Oberflächen- zu Volumenverhältnis von Mikrokomponenten hat die Oberflächengüte dieser Bauteile einen entscheidenden Einfluss auf ihre mechanische Festigkeit. Bereits kleinste Oberflächendefekte können bruchauslösend wirken und damit die Festigkeit des Bauteils herabsetzen. Deswegen ist die Oberflächenqualität eine wichtige Größe beim Vergleich der Fertigungsverfahren der Mikrotechnik.

Generell lassen sich alle Fertigungsverfahren der Mikrotechnik in die folgenden drei Grundprinzipien aufteilen:

- Generative Verfahren
- Abtragende Verfahren
- Replikationsverfahren

Zur Gruppe der *generativen Verfahren* zählt nach Gebhardt (2007) die LIGA-Technik, das dreidimensionale Drucken oder das selektive Lasersintern. Zur Gruppe der *abtragenden Verfahren* zählen unter anderem die Feinwerktechnik mit der spanenden Bearbeitung, das Laserschneiden, das Mikroätzen und die Mikrofunkenerosion. *Replikationsverfahren* der Mikrotechnik sind das Metallpulverspritzgießen, der Mikroguss, das Mikrostanzen und die galvanische Replikation mit ihren unterschiedlichen Variationen.

Einen Überblick über die wichtigsten Fertigungsverfahren zur Herstellung metallischer Mikrobauteile zeigt Abbildung 3.

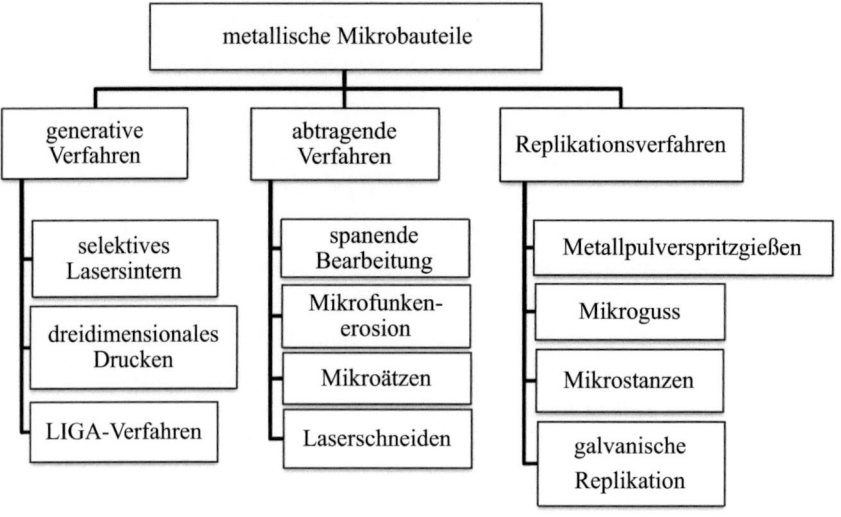

Abbildung 3: Übersicht über die für diese Arbeit relevanten Herstellverfahren von metallischen Mikrobauteilen aufgegliedert in die Grundprinzipien ihrer Fertigungsart

2.1.1 Generative Verfahren

Fertigungsverfahren, die sich dadurch auszeichnen, dass Bauteile direkt aus 2D bzw. 3D CAD[1] Daten generiert werden können, werden als generative Verfahren bezeichnet. In der Planungsphase werden generative Verfahren häufig verwendet, um Prototypen oder Modelle herzustellen. Deshalb werden generative Verfahren an vielen Stellen mit Verfahren des Rapid Prototyping gleichgesetzt (Abele & Charrad, 2009). Trotzdem zählen auch aufwendige Verfahren der Mikrotechnik, wie das LIGA-Verfahren, nach Gebhardt (2007) zur Klasse der generativen Verfahren, da auch hier generativ Bauteile entstehen.

Selektives Lasersintern

Beim selektiven Lasersintern wird eine dünne Schicht kleinster, metallischer Pulverpartikel in der Arbeitsebene aufgebracht und mittels Laser nach 2D-CAD Vorlage in den Bereichen gesintert, in denen die gewünschten Strukturen entstehen sollen. Durch Absenken der Arbeitsebene und Wiederholen dieses Vorgangs entstehen schichtweise Mikrobauteile. Problematisch ist hier unter anderem die Reaktivität der kleinen Pulverpartikel mit ihrer großen spezifischen Oberfläche. Ein weiteres Problem ist die verfahrensbedingte Notwendigkeit, dünne, glatte und hinreichend dichte Schichten aufzubringen (Regenfuß et al., 2004). Abbildung 4 zeigt das Potential dieses Verfahrens.

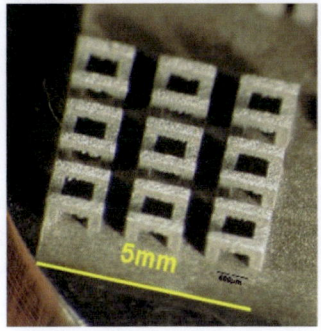 

Abbildung 4: Hergestellte Bauteile mit Hilfe des selektiven Lasersinterns. Links Strukturen aus 17-4PH ≙ Stahl 1.4542; Rechts Strukturen aus Wolfram (Regenfuß et al., 2004)

---

[1] CAD = Computer Aided Design

Ebert et al. (2004) können mit diesem Verfahren Bauteile mit Hinterschneidungen realisieren, die Aspektverhältnisse > 12 und R_a - Werte von bis zu 1,5 µm aufweisen.

Dreidimensionales Drucken

Beim dreidimensionalen Drucken wird das Metall nicht direkt aufgeschmolzen, sondern erst in einem weiteren Prozessschritt gesintert (Awiszus et al., 2007). Dazu wird ein mit Kunststoff umhülltes Metallpulver eingesetzt und der Kunststoffanteil durch Laserstrahlen angeschmolzen. Es entsteht ein festes Bauteil aus Metallpulver gefülltem Kunststoff in der Kontur des 3D-Entwurfs. In einem nachgelagerten Sinterschritt wird der Kunststoffanteil herausgelöst und das Bauteil schrumpft um den Anteil des Kunststoffes. Dadurch entsteht ein dichtes metallisches Mikrobauteil. Es gibt auch Prozessvarianten, die anstatt eines Lasers ein Klebesystem oder einen Mikroextruder verwenden (Krishnan und Cao 2007). Die erreichbaren Oberflächenqualitäten gleichen denen des Lasersinterns.

Das LIGA-Verfahren

Das LIGA-Verfahren besteht aus einer Kombination von unterschiedlichen Fertigungsschritten. Der Name setzt sich aus den Abkürzungen der wichtigsten Prozessschritte **L**ithographie, **G**alvanoformung und **A**bformung zusammen.

Obwohl bei der Herstellung von metallischen Mikrobauteilen der Abformungsschritt nicht benötigt wird, ist in nahezu jeder Veröffentlichung trotzdem von LIGA-Bauteilen oder „direct-LIGA"-Bauteilen die Rede (Kouba et al., 2007; Saile, 2008; Aigeldinger et al., 2005). Um sich dieser Bezeichnung anzuschließen, wird im Folgenden, anstatt LiG-Bauteil, der Begriff LIGA-Bauteil verwendet.

Vorbereitend muss eine Zwischenmaske und eine Arbeitsmaske aus einer 2D Mikrostruktur erstellt werden. Dafür werden auf einen Wafer zuerst eine Kohlenstoffschicht und eine Titanschicht aufgebracht. Auf diese leitende Schicht wird in einem weiteren Schritt eine etwa 3,5 µm dicke Kunststoffschicht aufgebracht. Diese Schicht besteht bei Verwendung eines Positivresists aus PMMA[2]. Ein Positivresist zeichnet sich dadurch aus, dass er durch eine Elektronenstrahl- oder Röntgenbelichtung seine chemischen Eigenschaften ändert, in dem es durch Aufbrechen von Molekülketten zur Degradation kommt. Somit wird der Resist in den bestrahlten Bereichen löslich. Im

---

[2] Polymethylmethacrylat oder besser bekannt als Plexiglas®

Folgenden werden die einzelnen Prozessschritte unter Verwendung eines Positivresists vorgestellt. Bei Nutzung eines Negativresisten ergibt sich ein genau gegensätzliches Verhalten von der folgenden Darstellung. Ein Negativresist, wie beispielsweise SU8[3], verliert durch Belichtung seine Löslichkeit in dem er polymerisiert.

Der zweite Schritt bei der Herstellung der Zwischenmaske ist die Belichtung des Resists mit einem Elektronenstrahlschreiber (Abbildung 5a). Dieser Elektronenstrahlschreiber beschleunigt mit Hilfe von 100 000 Volt Spannung Elektronen mit einer Genauigkeit von 0,8 nm und kann dabei Strukturen mit minimalen Details von rund 10 nm erzeugen (Hoffmann 2007). Nach der Resistentwicklung, also der Herauslösung der belichteten Anteile (Abbildung 5b), wird eine Goldschicht aufgalvanisiert (Abbildung 5c) und durch Ablösen der Titanschicht vom Wafer erhält man die Zwischenmaske (Abbildung 5d).

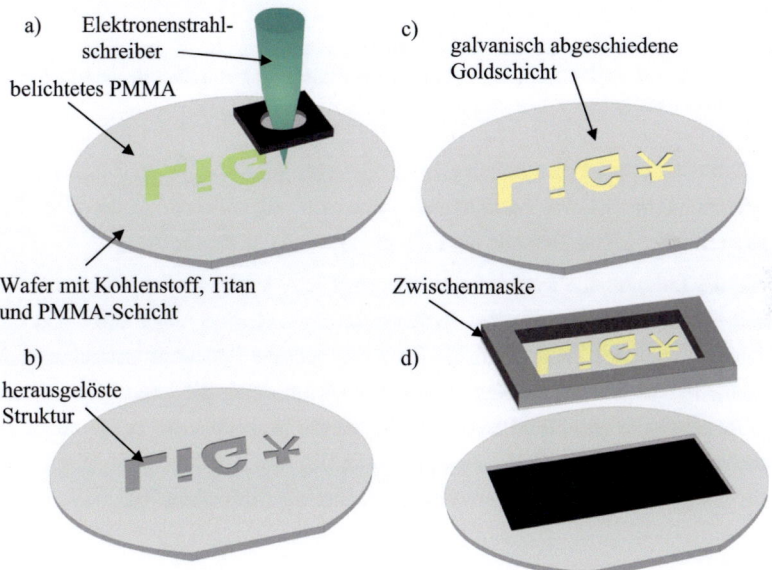

Abbildung 5: Wichtige Arbeitsschritte zur Herstellung der Zwischenmaske unter Verwendung eines Positivresists

---

[3] Fotolack der Firma Microchem Corp. | Newton | USA

Diese Zwischenmaske kann im Gegensatz zum verwendeten Wafer mehrfach verwendet werden und dient zur Herstellung der Arbeitsmaske. Die Arbeitsmaske wird
hergestellt, indem auf eine Stahlplatte mit Resistbeschichtung (Abbildung 6a) nach
der Röntgenlithographie mit Zwischenmaske (Abbildung 6b) eine etwa 25 µm dicke
Goldschicht galvanisch abgeschieden wird. Erst mit dieser Hauptmaske (Abbildung
6c) werden durch Tiefenlithographie die wirklichen Resiststrukturen hergestellt.

Abbildung 6: Arbeitsschritte bei der Herstellung der Arbeitsmaske bei Verwendung eines
Positivresists; Resistbeschichtung (a), Röntgenlithographie mit Zwischenmaske (b),
Hauptmaske (c)

Nach diesen vorbereitenden Maßnahmen folgen die eigentlichen, namengebenden
Prozessschritte der LIGA-Technik, die Lithographie und Galvanoformung.

Während der Lithographie werden beim Röntgen-LIGA-Verfahren der Wafer und die
Maske in die Strahlenkammer eines Synchrotron-Speicherrings eingebracht und die
Bestrahlung eingeleitet. Dabei trifft die hoch energetische Synchrotronstrahlung mit
einer charakteristischen Wellenlänge von 0,2 - 0,6 nm durch die Löcher der Maske
auf die Resistschicht und bricht an diesen Stellen die Molekülketten auf (Abbildung
7a). Nach dem Auswaschen der löslichen Anteile liegt die Abbildung der Maske, die
späteren Mikrostrukturen, als Negativform im Resist vor (Abbildung 7b).

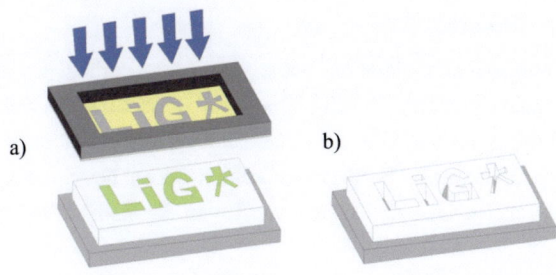

Abbildung 7: Röntgentiefenlithographie der PMMA-Schicht auf dem Wafer mit Arbeitsmaske (a) und Wafer mit PMMA-Schicht nach dem Herauslösen der Struktur (b)

Die so entstandenen Mikrostrukturen werden bei der anschließenden Galvanoformung
durch galvanisch abscheidbare Metalle gefüllt, Abbildung 8. Typische Werkstoffe
sind Nickel, Chrom, Kupfer und Gold.

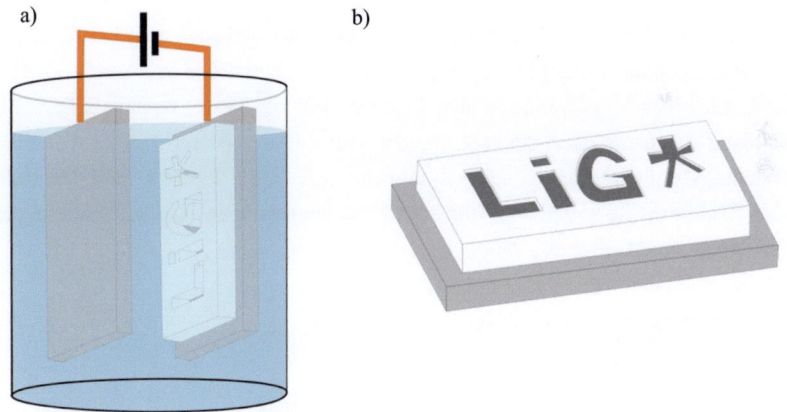

Abbildung 8: Schematische Darstellung der Galvanoformung in die herausgelöste
Struktur in einem geeigneten Elektrolythen (a) und gefüllte Struktur nach
der Galvanoformung (b)

Die Metallabscheidung beruht auf dem folgenden elektrochemischen Vorgang:

$$\text{Metall n}^+ \quad + \quad \text{n e}^- \quad \rightarrow \quad \text{Metall}$$

Positiv geladene Metall-Ionen, die in der wässrigen Lösung vorliegen, werden an der Kathode reduziert und es entsteht Metall (Jelinek 2005). Im LIGA-Verfahren wird in der Regel Nickel abgeschieden. Die Metallabscheidung erfolgt aus einer Nickel(II)-Lösung, in der eine Opferanode, die aus metallischem Nickel besteht, eingebracht ist. Die im Elektrolyt vorliegenden Ni^{2+} Atome werden an der Kathode reduziert und es entsteht Nickel.

$$Ni^{2+} \quad + \quad 2\,e^- \quad \rightarrow \quad Ni$$

An der Anode oxidiert dagegen das Nickel zu Ni^{2+} und wirkt damit der Verarmung der Elektrolytlösung entgegen.

$$Ni \quad \rightarrow \quad Ni^{2+} \quad + \quad 2\,e^-$$

Neben den reaktionsbestimmenden Ionen enthält der Elektrolyt zusätzlich Boratsalze und Borsäuren, um den PH-Wert auf 3,3 - 3,5 einzustellen, damit die anodische Sauerstoffbildung unterdrückt wird, die sonst den Elektrolysevorgang beeinträchtigt (Spanier 2007). Die Fertigungszeit der Bauteile wird maßgeblich durch die Schichtdicke bestimmt und beträgt etwa eine Stunde pro 12 µm Probendicke.

Nach erfolgter galvanischer Abscheidung wird der Wafer inklusive der Mikrobauteile, die noch eingebettet im PMMA vorliegen, geschliffen. Um die Mikrobauteile zu vereinzeln, wird in einem abschließenden Prozessschritt der Wafer nochmals bestrahlt (Abbildung 9a), damit auch die noch bestehenden Resiststrukturen aufgelöst werden (Abbildung 9b). Es ist wichtig, dass die Bauteile nach dem Entformen fehlerfrei sind, da eine Nachbearbeitung und eine 100%-ige Bauteilkontrolle die Kosten zu sehr in die Höhe treiben würden (Schulz, 2009).

Abbildung 9: Schematischer Ablauf bei der zweiten Bestrahlung (a) nach der Resistentfernung (b) bis hin zum vereinzelten Metallbauteil (c)

LIGA-Bauteile werden nicht nur über die vorgestellte Röntgentiefenlithographie hergestellt (Meyer et al., 2009), sondern auch über das sogenannte UV-LIGA-Verfahren (Lorenz et al., 1998; Abgrall et al., 2007; Engelke et al., 2008). Bei diesem Verfahren wird die Maske mit dem weniger energiereichen UV-Licht durchstrahlt. Im Unterschied zum Röntgen-LIGA-Verfahren darf deshalb die Dicke der Resistschicht 0,7 mm nicht überschreiten. Beim Röntgen-LIGA-Verfahren werden Dicken bis zu 3 mm bestrahlt und somit auch Bauteile mit Dicken bis zu 3 mm hergestellt.

Mit der Weiterentwicklung der Röntgen-LIGA-Technik wurde auch die Designfreiheit der herstellbaren Bauteile verbessert. Es werden zum Beispiel durch mehrmaliges Ausrichten des Wafers und somit durch weitere Bestrahlungsschritte Gitterstrukturen hergestellt, Abbildung 10.

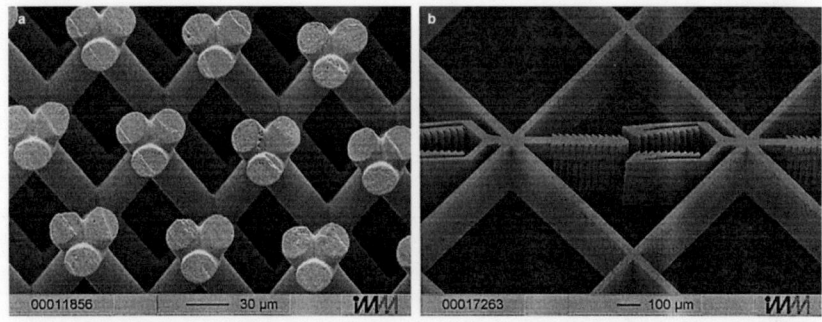

Abbildung 10: Gitterstruktur und Spezialbauteil, die von Ehrfeld et al. (1999) mit LIGA-Technik hergestellt wurden

Zusammenfassend lässt sich sagen, dass sich mit dem LIGA-Verfahren Mikrobauteile mit nahezu freier lateraler Formgebung herstellen lassen. Es werden Strukturhöhen bis zu 3 mm und hohe Aspektverhältnisse > 60 bei Seitenwandrauheiten < 50 nm realisiert. Alle galvanisch abscheidbaren Metalle sind prinzipiell für die LIGA-Technik applizierbar.

Ein Problem stellen die Kosten des Verfahrens dar, die sich durch die einzelnen Verfahrensschritte ergeben. Das Röntgen-LIGA-Verfahren ist aufwendiger und dadurch auch teurer als das UV-LIGA-Verfahren. Für baugleiche Komponenten für den Massenmarkt sind jedoch beide Verfahren sehr aufwendig. Um die Kosten des Röntgen-

LIGA-Verfahrens zu verringern, wird der Prozess immer weiter automatisiert. Mit einer neuen Fertigungseinrichtung kann die Zeit vom Entwurf bis zum fertigen Produkt optimiert und durch Automatisierung die Kosten reduziert werden (Schulz et al., 2005; Arendt, 2006; Schwartz et al., 2009), jedoch ist man hier auch auf die komplexe Anlagentechnik angewiesen.

Wie zuvor erläutert steht das A in LIGA als Abkürzung für „Abformen" der Strukturen durch Spritzgießen oder Heißprägen. Dazu werden die Reliststrukturen so lange galvanisch beschichtet, bis sie komplett vom Metall (> 2 mm) bedeckt sind (Abbildung 11 a-b).

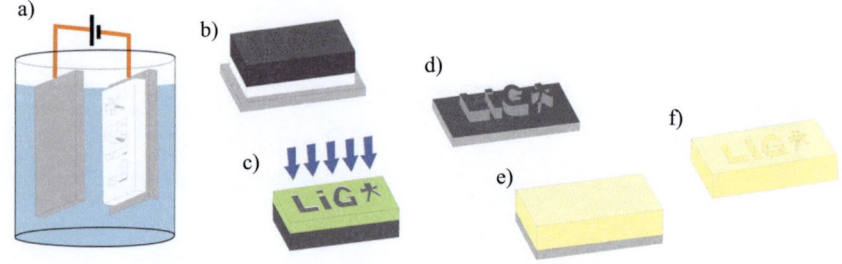

Abbildung 11: Bei der Herstellung eines Formeinsatzes wird die Struktur in ein Galvanikbad eingebracht (a) und beschichtet, bis die Struktur um einige mm überwachsen ist. Dann wird die Struktur ein zweites Mal bestrahlt (c) und der Kunststoff abgelöst (d). (e) symbolisiert die Abformung und (f) die abgeformte Struktur

Nach der Abscheidung wird der entstandene Metallblock drahterodiert und die verbliebenen Reliststrukturen herausgelöst (Abbildung 11 c-d). Der dadurch entstandene Formeinsatz kann daraufhin durch Spritzgießen oder Prägen abgeformt werden (Abbildung 11 e-f).

2.1.2 Abtragende Verfahren

Bei abtragenden Verfahren entstehen Mikrobauteile aus größeren Werkstücken durch Materialabnahme. Die verschiedenen Verfahren unterteilen sich dabei in mechanische, physikalische und chemische Abtragsverfahren.

Mechanisch: spanende Bearbeitung

In der Mikrotechnik finden sich dieselben spanabhebenden Verfahren, die auch in der Makrotechnik bekannt sind. Die spanende Bearbeitung kann in verschiedene Unterklassen aufgeteilt werden. Dazu zählen neben dem Mikrohobeln (FZK 2005) auch die Ultrapräzisionsmikrobearbeitung -UPM- (Dornfeld et al., 2006; Jeon & Pfefferkorn, 2008) und das Mikrodrehen (Bullinger 2006). Für die Herstellung von individuellen Mikrobauteilen über die Ultrapräzisionsbearbeitung wird ein Werkstück eingespannt und mit einem Schaftfräser oder einem Diamantfräser mit Durchmessern ≥ 100 μm bearbeitet. Beim UPM-Fräsen können Oberflächen bis in den Nanometerbereich erzeugt werden. Beim Schaftfräser werden dabei Drehzahlen von bis zu 120 000 U/min benötigt. Um besonders filigrane Strukturen durch Fräsen herzustellen, wurde das „Fly-Cutting" entwickelt, bei dem mit einem einzelnen rotierenden „Ausleger" gearbeitet wird. Bei diesem Verfahren werden Werkzeuge aus monokristallinem Diamant mit Durchmessern zwischen 25-50 μm verwendet. Damit ist auch nach aktuellem Wissensstand der limitierende Faktor bezüglich minimal erreichbarer Strukturgrößen erreicht (Dornfeld et al., 2006). Bei diesen Verfahren ist die Wechselwirkung zwischen Werkzeug und Werkstück entscheidend für die Qualität. Mit spanabhebenden Verfahren lassen sich Bauteile mit Oberflächenrauheiten von $R_a = 250$ nm sowie mit einer Genauigkeit bis in den Submikrometerbereich realisieren (Dornfeld et al., 2006). Haupteinsatz dieser Verfahren ist die Herstellung von Formeinsätzen für Replikationsverfahren wie das Spritzgießen oder das Prägen. Die direkte Herstellung von Mikrobauteilen gestaltet sich gerade für die Fertigung von großen Stückzahlen als sehr schwierig. Das Hauptproblem stellt dabei die Einspannung der Bauteile dar. Über ein späteres Abfräsen der Haltestrukturen werden jedoch auch mit diesen Verfahren metallische Mikrobauteile mit sehr filigranen Details hergestellt.

Physikalisch: Mikrofunkenerosion

Die Funkenerosion ist ein Abtragsverfahren, bei dem der Werkstoffabtrag durch elektrische Entladungen erfolgt. Diese Entladungen finden in einer nichtleitenden Flüssigkeit, dem Dielektrikum, statt. Im Dielektrikum werden Elektrode und Werkstück einander angenähert bis ein geringer Arbeitsspalt verbleibt. Beim Anlegen einer Spannung und richtigem Arbeitsspalt durchschlägt der Strom das nichtleitende Dielektrikum und es erfolgt eine elektrische Entladung. Durch eine Vielzahl solcher Entladungen wird das Material abgetragen. Man unterscheidet dabei zwischen dem funkenerosiven Senken und dem funkenerosiven Schneiden (Irlinger 2007).

Die Funkenerosion hat einen besonderen Stellenwert in der Mikrofertigung, da hier sehr geringe Prozesskräfte auf das Werkstück wirken und die Härte sowie Festigkeit des Materials keinen direkten Einfluss auf die Oberflächenqualität nehmen. Deshalb können über die Funkenerosion sehr harte und mechanisch schwer zu bearbeitende Materialen strukturiert werden.

Die Designfreiheit des Verfahrens wurde sehr eindrucksvoll von Neumann (2008) anhand eines Kardangelenkes aufgezeigt, Abbildung 12.

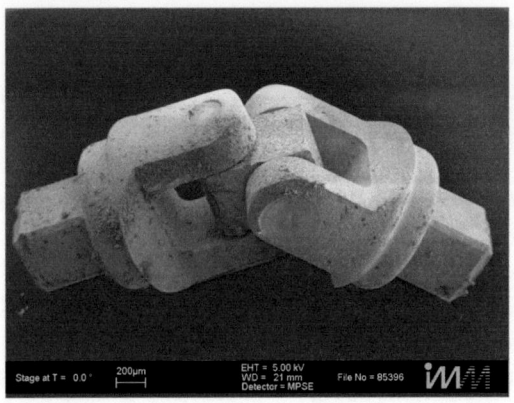

Abbildung 12: Miniaturisiertes Kardangelenk mit einer Oberflächenrauheit von 30 nm (Neumann, 2009)

Durch gezielte Optimierungsschritte der Drahttechnologie wird bei Bearbeitung von Hartmetall mit einem Messingdraht von 0,15 mm Stärke, bei einer Bauteilhöhe von 30 mm und einem konischen Winkel von 2° eine Oberflächenrauheit von $R_a = 0,03$ µm erreicht. Es können minimale Bauteilabmessungen sowie Bohrungsdurchmesser mit Maßtoleranzen von +/- 2 µm realisiert werden (Neumann, 2008).

Physikalisch: Laserschneiden

Beim Laserschneiden wird ein gepulster Festkörperlaser (Neodym-dotierter Yttrium-Aluminium-Granat-Laser) verwendet. Um Ablagerungen und Mikrorisse zu verhindern, werden wasserstrahlgeführte Laser eingesetzt. Zudem wird dadurch bei der Verarbeitung geschmolzenes Material herausgespült und das Werkstück gekühlt.

Es wird Stahl, Nickel und Eisen bearbeitet, wobei die typischen Lochgrößen und Schnittbreiten dieses Verfahrens bei 30-100 µm liegen (Neumann, 2008).

Chemisch: Mikroätzen

Durch Mikroätzen werden über In-Line-Ätzprozesse industriell große Stückzahlen metallischer Mikrobauteile produziert. Über verschiedene Ätztechniken werden unter anderem Stähle, Aluminium oder auch Kupferlegierungen in Form gebracht. Die Wirtschaftlichkeit ist bei diesem Verfahren durch die hohe Automatisierbarkeit sehr ausgeprägt. Die Dicke der Bauteile ist jedoch verfahrensbedingt auf maximal 0,35 mm begrenzt. Je nach Bauteildicke variiert der Durchmesser für die kleinsten Löcher zwischen 20-280 µm. Die kleinsten Details sind auch abhängig von der Dicke des späteren Bauteils und werden mit 18-245 µm angegeben (Micrometal GmbH 2009).

2.1.3 Replizierende Verfahren

Replizierende Verfahren sind in der makroskopischen Fertigung sehr verbreitet. Im Mikrobereich wird für die Herstellung von metallischen Mikrobauteilen das Metallpulverspritzgießen und die Gieß- und Stanztechnik, die im makroskopischen Bereich weite Verbreitung haben, angewendet. Ein eher mikrospezifisches Fertigungsverfahren ist dagegen die galvanische Replikation.

Metallpulverspritzgießen

Beim Metallpulverspritzgießen wird Metallpulver mit Kunststoff, Wachs und Dispergatoren gemischt und analog zum Thermoplastspritzgießen verarbeitet.

Für die Fertigstellung der metallischen Mikrobauteile sind jedoch weitere Prozessschritte nachgelagert, Abbildung 13. Der erste dieser Prozessschritte ist das „Entbindern", also das Austreiben des Kunststoff-Wachssystems aus dem Bauteil. Dabei wird der im Formteil befindliche Anteil an Binderstoffen durch Ausbrennen und/oder durch chemische Verfahren entfernt. Es entsteht ein poröses metallisches Bauteil ohne Bindersystem. Nach dem Entbindern folgt das Sintern. Dabei entsteht in einem Sinterofen aus dem porösen Formteil ein dichtes Bauteil. Der Sinterofen muss unter inerten oder reduzierten Atmosphären betrieben werden, um das Oxidieren des Metalls zu verhindern. Beim Sintern schrumpft das Bauteil je nach Mischungsverhältnis von Binder und Metallpulver um etwa 20%, wobei die Komplexität nicht verloren geht.

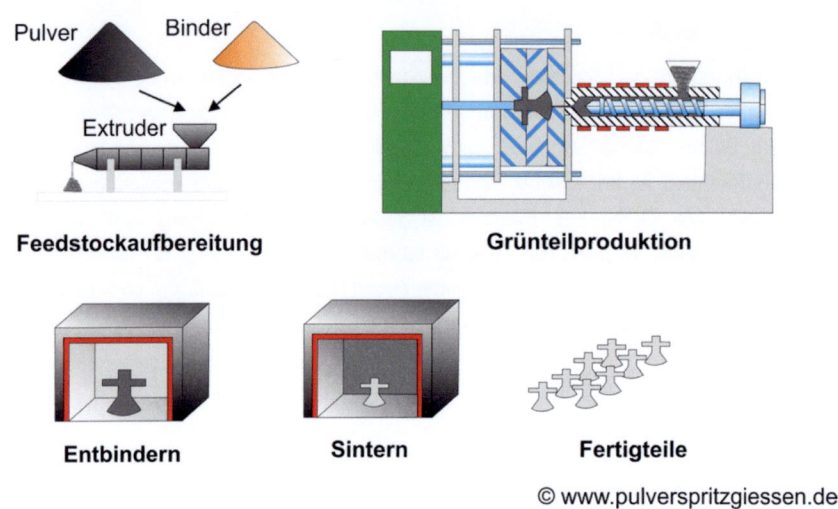

Abbildung 13: Schematische Darstellung der einzelnen Prozessschritte beim Metallpulverspritzgießen (Quelle: http://www.pulverspritzgiessen.de)

Es werden Bauteile mit einem maximalen Aspektverhältnis von 14 und einer maximalen Strukturhöhe von 1300 µm hergestellt. Die Oberfläche nimmt je nach Material R_z-Werte von 4 µm und R_a-Werte von 700 nm an (Ruprecht et al., 2005). Diese Werte werden maßgeblich durch die Pulverpartikelgröße bestimmt. Es werden minimale Strukturbreiten von 50 µm und minimale Details von 50 µm erreicht (Piotter et al., 2009). Die Toleranzwerte sind abhängig von der Strukturgröße und werden mit ± 0,5% der gewünschten Zielgröße angegeben. Das Verfahren eignet sich sehr gut für die Massenherstellung, ist aber, bedingt durch die hohen Werkzeugkosten, weniger für kleine Stückzahlen geeignet.

Mikroguss

Der Mikroguss ist eine Weiterentwicklung des Feingießens zur Herstellung von metallischen Mikrobauteilen, bei dem metallische Schmelze direkt in eine Kavität gefüllt wird. Das Verfahren unterteilt sich in das Schleudergussverfahren und das Kapillardruckgussverfahren.

Das Schleudergussverfahren ist für kleine bis mittlere Stückzahlen geeignet. Bei diesem Verfahren werden zuerst Modelle mit Angussverteiler aus Thermoplast oder Wachs in eine Keramikmasse eingebettet. Darauf wird der Kunststoff oder das Wachs ausgeschmolzen und man erhält ein Negativ des Modells in der Keramik. In einer Schleudergussanlage wird die Keramikform aufgeheizt und Metall durch Fliehkraft in die Kavität gedrückt. Nach dem Zerstören der Keramikform werden die fertigen Bauteile entnommen (Wanner et al., 2009). Der Vorteil dieses Verfahrens liegt zweifellos in der hohen dreidimensionalen Gestaltungsfreiheit und der Vielzahl der verarbeitbaren Werkstoffe. Alle schmelzbaren Metalle sind für den Mikroguss geeignet. Beispiele sind Goldbasislegierungen, Silber-Palladium-Legierungen, Bronze und CrCoMo-Legierungen. Abhängig vom Werkstoff werden Aspektverhältnisse von bis zu 60 µm und Strukturdetails von 20 µm bei Wanddicken von 120 µm hergestellt (Baumeister et al., 2008).

Entgegen dem Schleudergussverfahren zielt das Kapillardruckgussverfahren darauf ab, metallische Mikrobauteile für Massenanwendungen herzustellen. Bei diesem Verfahren wird eine keramische Platte verwendet, in die Mikrostrukturen eingebracht sind. Durch ein PVD-Verfahren[4] werden diese Strukturen metallisch beschichtet, um während des Prozesses die Kapillarwirkung zu unterstützen. In einer Mikrogussanlage wird zuerst zwischen der mikrostrukturierten Platte und einer „Pressplatte" Metall aufgebracht (Bach et al., 2009). Durch Aufheizen wird das Material geschmolzen und die Platten daraufhin aneinander gepresst. Die metallische Schmelze wird durch die Kapillarwirkung in die Mikrokavitäten gesaugt und verbleibt durch die Druckkraft in den Kavitäten. Dabei wird die zuvor aufgebrachte PVD-Schicht in die Mikrobauteile übertragen. Vor dem nächsten Zyklus wird bei diesem Verfahren die mikrostrukturierte Form mittels PVD-Verfahren neu beschichtet. Untersuchungen von (Bach et al., 2009) zeigen jedoch, dass auf die PVD-Schicht verzichtet werden kann und sich dabei ein vergleichbares Abformergebnis zeigt. Die Qualität des Verfahrens wird vor allem

---

[4] Physikalische Gasphasenabscheidung

durch die Herstellbarkeit und Probleme bei der Strukturierung der benötigten kerami-schen Formen begrenzt.

Mikrostanzen

Das Mikrostanzen ist ein Verfahren, mit dem dünne Materialien in Form gebracht werden können. Industriell wird das Verfahren angewendet, um hochpräzise Stanzteile für die Uhrenindustrie oder auch die Medizintechnik herzustellen (Hänggi 2009). Dabei werden die kleinsten lateralen Abmessungen durch die Foliendicke bestimmt (Klemm et al., 2004). Durch Stanzen von Folien mit einer Dicke von einigen 10 µm und anschließendem Stapeln und Löten können auch dickere mikrostrukturierte Bauteile hergestellt werden.

Die galvanische Replikation

Das Replizieren von Mikrobauteilen in LIGA-Qualität wird als galvanische Replikation oder als „zweite Galvanik" bezeichnet. Zuerst wird ein Formeinsatz, der über das LIGA-Verfahren hergestellt wurde, über Replikationsverfahren mit Polymer abgeformt und eine inverse LIGA-Struktur erzeugt. Diese inverse Struktur wird in einem darauffolgenden Galvanikschritt metallisch aufgefüllt und dadurch eine identische Kopie der originalen LIGA-Struktur hergestellt.

Es gibt unterschiedlichste Ansätze und Versuche, diese Aufgabe durch Gießen, Prägen und Spritzgießen zu realisieren. Im Folgenden werden die entwickelten Verfahren chronologisch aufgearbeitet.

Becker et al. (1982) beschreiben ein Verfahren, mit dem LIGA-Strukturen durch Reaktionsgießen, unter Verwendung von metallischen Angussplatten, abgeformt und daraufhin galvanisch gefüllt werden. Durch die Kombination der elektrisch leitfähigen Grundplatte und der nicht elektrisch leitfähigen Gussmasse erhält man eine Vorform für die Galvanoformung, die vergleichbar zum LIGA-Verfahren einen leitfähigen Strukturgrund und elektrisch isolierende Seitenwände aufweist. Ein großer Nachteil dieses Verfahrens ist die fehlende Automatisierbarkeit und Reproduzierbarkeit des Prozesses und auftretende Defekte, die sich durch die unterschiedlichen Schwindungseigenschaften und das Anpressen der Angussplatte auf die Strukturen ergeben (Vollmer et al., 1987; Hagmann & Ehrfeld, 1989; Bacher et al., 1990).

Ehrfeld et al. (1985) lassen sich ein Verfahren patentieren, bei dem ein elektrisch leit-
fähiges Material auf die Stirnflächen der originären Strukturen aufgebracht wird, das
beim Abformen mit einer elektrisch isolierenden Formmasse in das Bauteil übergeht.
Auf diese Weise lassen sich auch Bauteile mit elektrisch leitfähigem Strukturgrund
und elektrisch isolierenden Wänden herstellen. Neben der komplexen Prozessführung
zeigen sich zusätzlich Defekte an der leitfähigen Schicht, die der Reproduzierbarkeit
der Bauteile entgegenstehen.

Um den Nachteilen der metallischen Angussplatte entgegenzuwirken, verwenden
Harmening & Ehrfeld (1990), bei einem auf Vollmers Erkenntnissen aufbauenden
Verfahren, gefüllte und ungefüllte Reaktionsmassen, Abbildung 14.

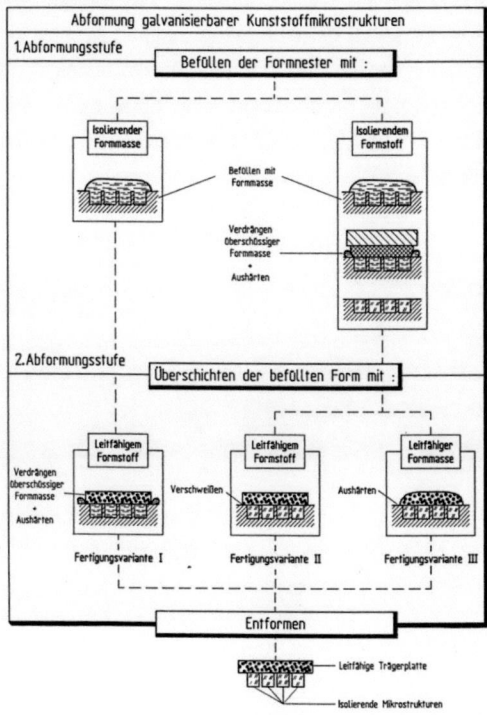

Abbildung 14: Konzept für einen zweistufigen Abformprozess von galvanisierbaren Kunst-
stoffmikrostrukturen. Durch die Kombination von elektrisch isolierenden und leitfähigen Reaktionsharzmassen und Formstoffen ergeben sich drei Fertigungsvarianten
(Harmening und Ehrfeld 1990)

Alle drei in Abbildung 14 dargestellten Verfahren replizieren Mikrostrukturen über die galvanische Replikation. Bei Variante I zeigen sich jedoch Probleme durch die hohen Anpresskräfte und die Prozessierbarkeit der Reaktionsformmassen. Durch die verschiedenen zwischengelagerten speziellen Prozessschritte ist eine Automatisierbarkeit von Variante III ausgeschlossen. Die Verfahrensvariante II wird von den Autoren als am besten geeignete Variante für die Herstellung von Mikrobauteilen beschrieben. Aber auch bei diesem Verfahren wird die LIGA-Struktur durch das Verschweißen abgenutzt. Dadurch wird die LIGA-Struktur beschädigt und es entstehen Fehler in den fertigen Mikrostrukturen.

In einer Patentschrift (Maner 1988) wird mittels Ultraschall eine Platte mit Mikrostrukturen in ein zweischichtiges Kunststoffbauteil eingepresst, Abbildung 15. Die Mikrostruktur dringt dabei durch die isolierende Schicht in eine elektrisch leitende Struktur ein, welche sich unter der Oberfläche befindet. Nach der Entformung der Mikrostruktur bleibt somit eine zweikomponentige Form mit elektrisch leitfähigem Grund und nicht elektrisch leitfähigen Strukturwänden zurück, die im Anschluss galvanisch gefüllt werden kann.

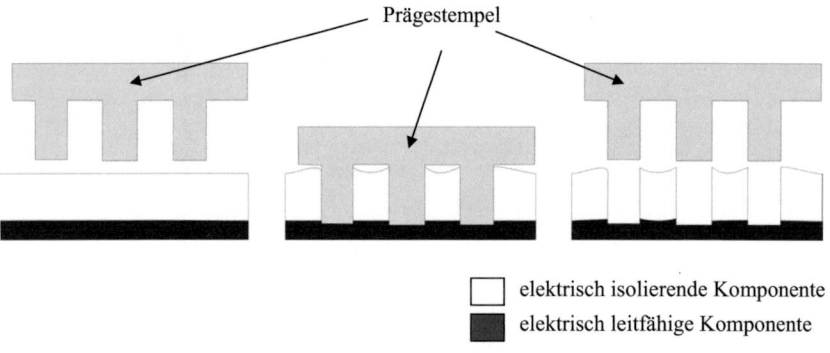

Abbildung 15: Ultraschallprägestempel beim Eintauchen in die Zweikomponentenstruktur [nach (Maner 1988)]

Bei diesem Verfahren werden die Strukturen durch den Ultraschall stark belastet. Kleinste Strukturen brechen und der Formeinsatz wird beschädigt.

Ein ähnliches Verfahren entwickelten Domeier et al. (2001), bei dem durch Prägen Vorformen für die Galvanoformung entstehen. Zuerst presst ein Prägestempel, auf dem Mikrostrukturen eingebracht sind, eine gelochte metallische Platte in eine Kunst-stoffstruktur, Abbildung 16. Die Strukturen auf dem Stempel werden dabei von dem elektrisch nicht leitfähigen Kunststoff umflossen. Am Grund der Struktur befindet sich nach dem Entformen das Metall der gelochten Platte. Es entsteht ein System aus einem leitfähigen und einem nicht leitfähigen Material.

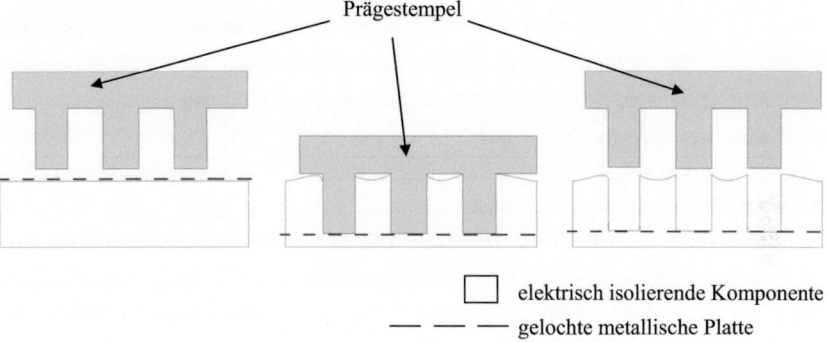

Prägestempel

☐ elektrisch isolierende Komponente
— — — gelochte metallische Platte

Abbildung 16: Prägestempel mit Strukturen durch die eine metallische Platte in Kunststoff eingepresst wird [nach (Domeier et al., 2001)]

Bei diesem Verfahren ergeben sich nicht nur Probleme durch die mechanische Abnut-zung, es muss auch gewährleistet sein, dass die Strukturen in den Bereichen des Me-talls und nicht der Löcher der metallischen Platte liegen, da sonst kein leitfähiger Be-reich im Bauteilgrund vorliegt. Ein weiteres Problem dieser Technik ist die unter-schiedliche Schwindung der starren Metallplatte und des umfließenden Kunststoffes.

Damit findet sich aktuell kein Verfahren der galvanischen Replikation, bei dem über Prägen erfolgreich, wirtschaftlich Mikrobauteile in Mittel- und Großserien repliziert werden können.

Neben dem Prägen werden auch über das Thermoplast-Spritzgießen Vorformen für die galvanische Replikation hergestellt. Das Thermoplast-Spritzgießen ist für die Her-stellung von Vorformen deshalb interessant, weil innerhalb kürzester Zeit komplexe Bauteile direkt aus einem Rohstoff hergestellt werden können (Johannaber und Michaeli 2004). Durch hochpräzise Werkzeuge und Maschinen werden Formteile mit hoher Reproduziergenauigkeit hergestellt. Weitere Vorteile sind die vollautomatische Fertigung und die nur geringe oder nicht notwendige Nachbearbeitung der hergestellten Kunststoffbauteile. Generell lassen sich mit den meisten ungefüllten Thermoplasten durch variotherme[5] Prozessführung minimale Details von bis zu 0,2 μm realisieren (Attia et al., 2009). Über das Mikrospritzgießen lassen sich zudem feinste Oberflächen abformen, die bis zu Oberflächenrauheiten von R_{max}= 0,05 μm und R_a = 0,05 μm führen (Piotter & Ruprecht, 2006).

Piotter et al. (1996) beschreiben weitere Varianten für die Replikation der Mikrostrukturen. Bei einem dieser Verfahren werden die LIGA-Strukturen mit einem nicht elektrisch leitfähigem Polymer abgeformt, darauf die Struktur oberflächlich mit einer elektrisch leitfähigen Schicht versehen, auf der galvanisch Metall abgeschieden werden kann. Bei den Untersuchungen von Schanz et al. (2001) wurde als isolierendes Polymer ein PMMA über Spritzgießen abgeformt und eine mindestens 40 nm dicke Chrom-Goldschicht durch ein Sputterverfahren[6] auf die spritzgegossenen Strukturen aufgebracht. An den Mikrostrukturwänden wird dabei eine mindestens 20% dünnere Metallschicht aufgebaut. Diese Untersuchungen zeigen, dass ab einem Aspektverhältnis von 1,5 Defekte im Bauteil auftreten (Finnah et al. 2004). Derselbe Effekt wird von Baumeister et al. (2002) bei Verwendung eines elektrisch leitfähigen Kunststoffes beschrieben, Abbildung 17.

Stromdichtelinien

Defekt

Abbildung 17: Schematische Darstellung der Anordnung der Stromdichtelinien bei einkomponentigen, isotrop leitfähigen Bauteilen und des Defektes, der sich durch die Galvanoformung auf diesen Substratplatten ergibt

Ursache ist die vermehrte Anordnung von Stromdichtelinien an den Ecken und Kanten eines elektrisch leitfähigen Bauteils. Die daraus resultierende höhere Stromdichte

---

[5] Bei der variothermen Prozessführung wird das Werkzeug während des Einspritzens auf eine Temperatur über der Glasschmelzetemperatur des Materials aufgeheizt, um auch kleinste Details abformen zu können. Zum Entformen wird die Werkzeugtemperatur auf Entformungstemperatur abgekühlt.
[6] Sputtern ist ein physikalischer Vorgang, bei dem durch Beschuss mit energiereichen Ionen Atome aus einem Festkörper herausgelöst werden und über die Gasphase an einer Oberfläche kondensieren.

führt zu erhöhten Abscheideraten in diesen Bereichen. Dadurch werden bei hohen Aspektverhältnissen Lochstrukturen geschlossen bevor sie komplett ausgefüllt sind. Es entstehen an den Metallbauteilen Lunker, die als Defekte an Funktionsbauteilen, wie zum Beispiel Zahnrädern, nicht toleriert werden können (Finnah et al., 2004; Holstein et al., 2005).

Um dieses Problem der allseitigen Metallabscheidung zu vermeiden, wurden verschiedene Arten der Mehrkomponententechnik für die galvanische Replikation entwickelt. Oskotski et al. (2002) beschreiben folgende Vorgehensweise: Zuerst wird eine elektrisch leitfähige Platte in ein Spritzgießwerkzeug eingelegt. Diese Einlegeplatte besteht aus einem Metall, das einen geringeren Schmelzpunkt als die galvanisch produzierte Schicht aufweist. Auf diese Platte werden beim Schließen des Werkzeugs Mikrostrukturen aufgesetzt und mit nicht leitfähigem Kunststoff umflossen. Es entsteht ein Zweikomponentenbauteil für die galvanische Replikation. Durch die Zweikomponententechnik sind keine Ecken und Kanten eines leitfähigen Materials vorhanden und damit auch keine störende vermehrte Anordnung von Stromdichtelinien, Abbildung 18. Im Anschluss werden der Kunststoff und das Metall thermisch von den Bauteilen getrennt.

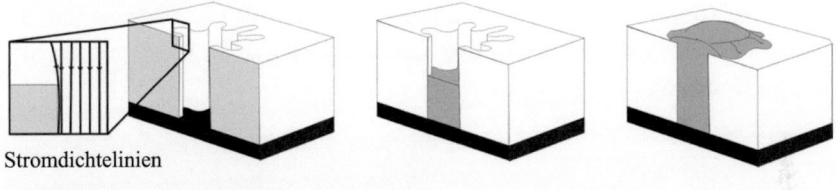

Stromdichtelinien

Abbildung 18: Schematische Darstellung der Anordnung der Stromdichtelinien bei zweikomponentigen Bauteilen und Darstellung der defektfreien Abscheidung bei der Galvanoformung

Finnah (2005) beschreibt auch ein Verfahren, mit dem Zweikomponentenbauteile durch Einlegespritzgießen hergestellt werden. Die Einlegeteile werden zuerst in einem ersten Spritzgießwerkzeug aus elektrisch leitfähigem Kunststoff hergestellt. Diese elektrisch leitfähigen Grundplatten werden in ein zweites Werkzeug eingebracht, es werden Mikrostrukturen aufgesetzt und mit nicht leitfähigem Kunststoff abgeformt. In die abgeformten Mikrostrukturen wird galvanisch Metall abgeschieden und anschließend wird der Kunststoff chemisch und thermisch aufgelöst. Eine Herausforderung dieses Verfahrens ist das Abformen einer homogen elektrisch leitfähigen Einlegeplatte, die sich für die Galvanoformung eignet.

Durch das Spritzgießen lassen sich verschiedene elektrisch leitfähige Materialien verarbeiten, die sich jedoch nicht ausnahmslos für die Galvanoformung eignen. Es gibt Kunststoffe, die leitfähig gemacht werden, indem man sie mit Kupferfasern und einer niedrig schmelzenden Metalllegierung befüllt (Zinckgraf, 2007; Haberstroh et al., 2004). Dabei wird das Polymer mit bis zu 85% Gewichtsprozent Metall gefüllt. Es ergeben sich an der Oberfläche große, flächig gut leitfähige Bereiche. Diese Bereiche ordnen sich jedoch bei jedem Spritzgießzyklus anders an. Versuche, diese Bauteile galvanisch zu beschichten, zeigten keine erfolgversprechenden Ergebnisse (J. Lorenz 2008). Die Bauteile können durch galvanische Abscheidung nicht mit einer metallischen Schicht überzogen werden.

In der Literatur werden sehr gute Leitfähigkeiten im Kunststoff durch Carbonfasern (CF) beschrieben (Knothe 1996). Diese Fasern sind jedoch für die Galvanik nicht geeignet, da sich die lokale Oberflächenleitfähigkeit, die sich durch die mehrere μm großen Fasern ergibt, in einer geringen Galvanikstartpunktdichte wiederspiegelt (Holstein et al., 2005), Abbildung 19. Außerdem wird durch die unterschiedlichen Schwindungseigenschaften des Polymers gegenüber der Faser eine schlechte Oberflächenqualität erzielt, die sich bei späterer Galvanoformung an der Oberfläche der Metallschicht abformt.

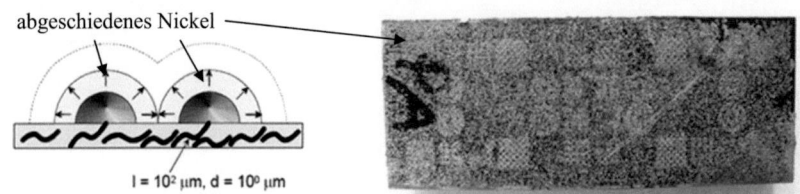

Abbildung 19: Galvanikstart auf carbonfasergefülltem Polyamid 6.6-CF mit einer mittleren Faserlänge von 25 μm (Holstein et al., 2005)

Bei der Verarbeitung von Kunststoffen, die nur mit leitfähigem Ruß gefüllt sind, variiert der elektrische Widerstand der hergestellten Bauteile im Allgemeinen sehr empfindlich durch Schwankungen der Füllstoffkonzentration (Gilg, 1979; Gilg, 2002;

Knothe, 1996; Holstein et al., 2005; Naumann, 2003; Finnah, 2005). Das heißt, die Füllstoffe sind verarbeitungsbedingt nicht zwangsläufig homogen im Bauteil verteilt.

Gilg (1979) hat sich intensiv mit diesen Verarbeitungseigenschaften von Rußcompounds beschäftigt. In seinen Untersuchungen zeigt er dabei auf, dass die Leitfähigkeit eines Spritzgussbauteils eine Abhängigkeit vom Strömungsverlauf der Schmelze zeigt und damit weitgehend vom Orientierungsgrad der Rußagglomerate abhängt. Er konnte dabei eine schlechte Leitfähigkeit im Angussbereich feststellen, die er mit der Orientierung der Agglomerate durch den hohen Strömungsgradienten während des Einspritzvorgangs erklärt. Aufbauend auf diesen Untersuchungen finden sich neben Veröffentlichungen und Broschüren der Firma Evonik Industries SE, vergleichbare Beobachtungen in Broschüren der Firma SIMONA (Simona 2006) und der Firma CABOT (Cabot 2006). In der Veröffentlichung der Firma CABOT wird ein Zusammenhang zwischen Scherkräften und schlechter Leitfähigkeit dargestellt. Dabei wird auf ein scherinduziertes Vereinzeln von Rußagglomeraten durch die Verarbeitung verwiesen. Durch das Vereinzeln der Rußagglomerate ist die Verbindung mit dem Leitfähigkeitsnetzwerk unterbrochen, was zu einer schlechten Leitfähigkeit in Bereichen mit hohen Scherkräften führt. Für das Spritzgießen wird aufgezeigt, dass angussnah sehr schlechte Leitfähigkeiten entstehen, was auch nicht verhindert werden kann.

Knothe (1996) hat sich intensiv mit den bereits beschriebenen Phänomenen auseinandergesetzt und zum Beispiel Unterschiede des elektrischen Widerstandes bei Formteilen aus rußgefülltem Polystyrol von teilweise über zwei Größenordnungen feststellen können. Diese werden von Knothe auf Orientierungen und den Abbau der Rußstruktur zurückgeführt. Auch Knothe beschreibt im Bereich um den Anguss, eine schlechte elektrische Leitfähigkeit der abgeformten Bauteile.

Holstein et al. (2005) haben Spritzgießversuche mit rußgefüllten Materialien durchgeführt und auch galvanisch beschichtet. Es wurden mit Ruß gefüllte Polyoxymethylene und Polyamid 12 untersucht, wobei das rußgefüllte Polyamid 12, das unter dem Markennamen Vestamid LR1-MHI erhältlich ist, die besten Ergebnisse bezüglich Verarbeitung und Metallabscheidung erzielen konnte. Auch Holstein stellte inhomogene elektrisch leitfähige Oberflächen an den Spritzgussbauteilen fest. Mit Hilfe einer statistischen Versuchsplanung wurde in (Finnah, 2005) 31 mm/s als optimale Schneckenvorschubgeschwindigkeit bestimmt, mit der Oberflächenwiderstände von 80 bis 100 Ω erreicht werden konnten.

Auch bei der Herstellung von Mikrobauteilen über das Einlegespritzgießen verwendet Finnah das rußgefüllte Vestamid LR1-MHI. Bei der Untersuchung der abgeformten Einlegeplatten zeigen sich Probleme durch die Inhomogenität der Abscheiderate, die auf das Spritzgießen zurückgeführt werden. Bei der Galvanoformung zeigt sich eine rückläufige Abscheidung von Nickel mit zunehmender Entfernung von der Kontaktierungsstelle und partielle Unterschiede bei der Beschichtung mit Nickel (Finnah, 2005). Durch Analyse der Bauteile mittels MOLDFLOW Plastics Insight[7] wurde der Einfluss der Scherrate im Bereich 0,2 - 0,5 mm unter der Oberfläche als Ursache definiert, Abbildung 20.

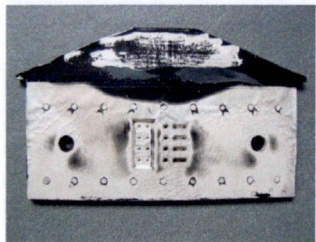 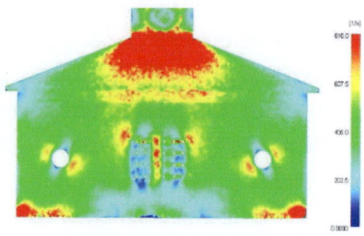

Abbildung 20: links: Nickel Galvanikstartschicht auf einer Substratplatte aus Vestamid LR1-MHI, rechts: Moldflow Fließsimulation des selben Bauteils, dargestellt ist die max. Scherrate 0,35 mm unter der Bauteiloberfläche (Finnah, 2005)

Durch die Scherung wird nach (Finnah, 2005) die leitfähige Verbindung zwischen der Oberfläche und Bauteilmitte in diesem Bereich zerstört. Durch die Verbreiterung der Kavität von 1 mm auf 3 mm erreicht er in weiteren Versuchen einen Oberflächenwiderstand der hergestellten Bauteile von 40 bis 100 Ω.

Als Materialkombination für die Abformung der Zweikomponentenbauteile im Einlegespritzgießen wurde als nicht leitfähige Komponente ein Polyoxymethylen ausgewählt. Bei der Untersuchung der Vorformen für die Galvanoformung zeigt sich an der Grenzfläche ein Spalt zwischen den beiden Komponenten, der in der anschließenden Galvanoformung mit Nickel gefüllt wird. Dieser Spalt ist im Querschnitt des in Abbildung 21a dargestellten Zweikomponentenbauteils, hergestellt durch das Einlege-

---

[7] MOLDFLOW Plastics Insight ist ein Standardprogramm für die Simulation von Spritzgießprozessen. Seit Juni 2008 gehört diese Software zur Firma Autodesk. Im Folgenden wird von der Software MOLDFLOW gesprochen.

spritzgießen, zu sehen. Abbildung 21b zeigt die dadurch erzeugte Mikrostruktur in Form eines Zahnrades mit der Unterplattierung, die sich durch den Spalt ergibt.

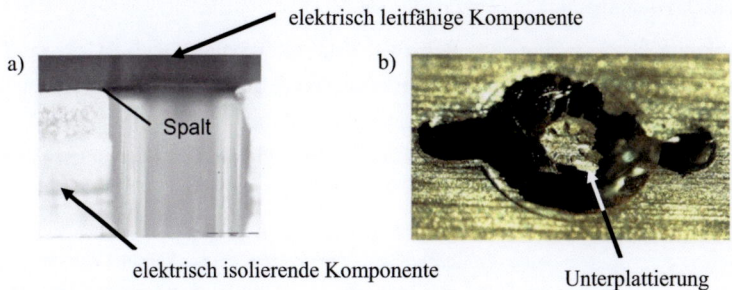

Abbildung 21: a) Querschnitt durch verlorene 2K-Form, b) Nickelabgeschiedenes Mikro-zahnrad mit Graten [nach (Finnah, 2005)]

Auch mit Hilfe einer Prozessoptimierung wurde dieser Spalt nicht komplett geschlossen. Insgesamt zeigten die dabei gefertigten Mikrobauteile das Potential aber auch die Grenzen des Einlegespritzgießens auf. Nachteile dieses Prozesses sind die fehlende Reproduzierbarkeit durch das manuelle Einbringen des Spritzgussbauteils und die aufwendige Prozessführung.

Für die Weiterführung des Projektes wurde in (Finnah, 2005) ein Zweikomponentenwerkzeug für das Verbundspritzgießen entwickelt und gefertigt, Abbildung 22.

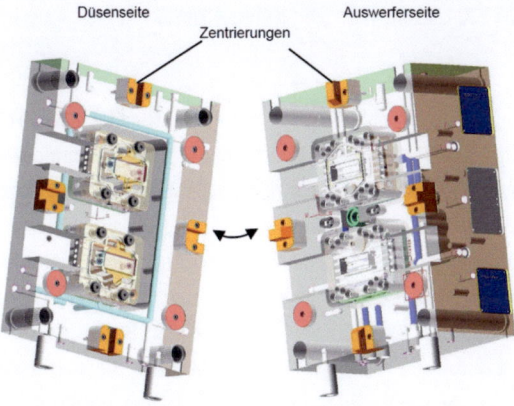

Abbildung 22: 3D Konstruktionszeichnung des Indexplattenwerkzeuges (Finnah, 2005)

Unter Verwendung der erneuerten Werkzeugtechnik wurden erste orientierende Versuche zum Zweikomponentenspritzgießen für die galvanische Replikation von (Finnah, 2005) durchgeführt.

Das Zweikomponentenspritzgießen von zwei Kunststoffkomponenten ist ein Spritzgießsonderverfahren des Mehrkunststoffspritzgießens. Neben dem Verbundspritzgießen gibt es weitere Verfahrensvarianten des Mehrkunststoffspritzgießens, wie das Montagespritzgießen, das Biinjectionsspritzgießen und das Sandwichspritzgießen, Abbildung 23.

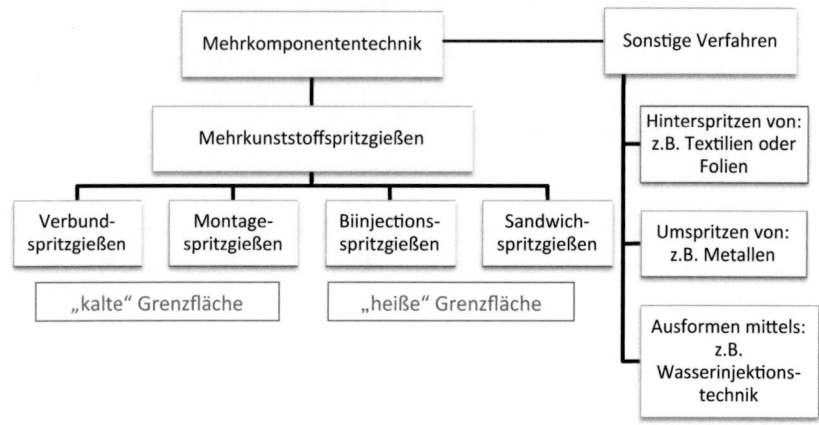

Abbildung 23: Verfahrensvarianten der Mehrkomponententechnik und Einteilung in „kalte" und „heiße" Grenzflächen beim Mehrkomponentenspritzgießen (nach (Johannaber und Michaeli 2004, Kuhmann 1999, Kühnert 2005)

Für die Verbindungsart spielt dabei die Art der Grenzfläche eine entscheidende Rolle. Beim Verbund- und Montagespritzgießen trifft die zweite Komponente auf eine bereits abgekühlte feste Oberfläche der ersten Komponente, die an dieser Stelle als „kalte" Grenzfläche bezeichnet wird (Kühnert 2005). Beim Biinjections- wie auch beim Sandwichspritzgießen wird das Material simultan eingespritzt, daher sind beide Komponenten im Schmelzezustand, so dass hier von einer „heißen" Grenzfläche gesprochen wird (Kühnert 2005). Die Haftung zwischen den Polymerpartnern bei „kalten" Grenzflächen wird durch die Verbindungsmechanismen, die sich durch die Materialauswahl und Prozessführung ergeben, beeinflusst. Wesentlich für die Verbundbildung sind demnach die grundsätzliche Verträglichkeit der Polymere und deren Polarität, sowie verarbeitungsspezifische Temperaturen (Werkzeug- und Massetemperatur). Darüber hinaus sind für die Verbundfestigkeit auch ausdehnungsrelevante Eigenschaften (Wärmeausdehnungskoeffizient, Schwindung) bestimmend.

Das in (Finnah, 2005) entwickelte Zweikomponentenwerkzeug basiert auf der Indexplattentechnik. In Abbildung 24 ist der dazugehörige Spritzgießzyklus skizziert. Der Zyklus startet bei offenem Werkzeug. Auf der Indexplatte in der Abbildung ist das erste Bauteil, die elektrisch leitfähige Grundplatte bereits in die zweite Kavität gedreht (1). Das Werkzeug wird geschlossen, evakuiert, der Schließdruck aufgebracht und beide Komponenten in die jeweiligen Kavitäten eingespritzt (2-5). Nach dem Öffnen des Werkzeuges befindet sich in der Abbildung (6) auf der Indexplatte in der oberen Kavität das Zweikomponentenbauteil und in der unteren Kavität die neu abgeformte elektrisch leitfähige Grundplatte. Im nächsten Schritt wird das Zweikomponentenbauteil entnommen (7), die Indexplatte herausgefahren (8) und gedreht (9). Damit der neue Zyklus von Neuem starten kann, wird die Indexplatte eingefahren und die nächste elektrisch leitfähige Grundplatte befindet sich, wie die vorherige zu Beginn, auf der Indexplatte in die zweite Kavität gedreht.

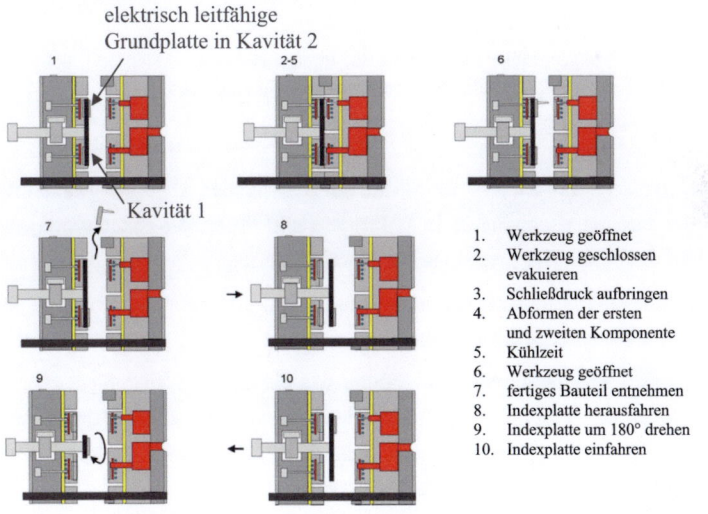

Abbildung 24: Prinzipieller Ablauf beim Zweikomponentenspritzgießen mit Indexplatten-
werkzeug

Die physikalischen Vorgänge die zur Haftung zwischen den Grenzflächen führen, werden zusammenfassend als Adhäsion bezeichnet. Die wichtigsten der klassischen Adhäsionstheorien wurden von (Bischof und Possart 1983) beschrieben und sind in Abbildung 25 dargestellt.

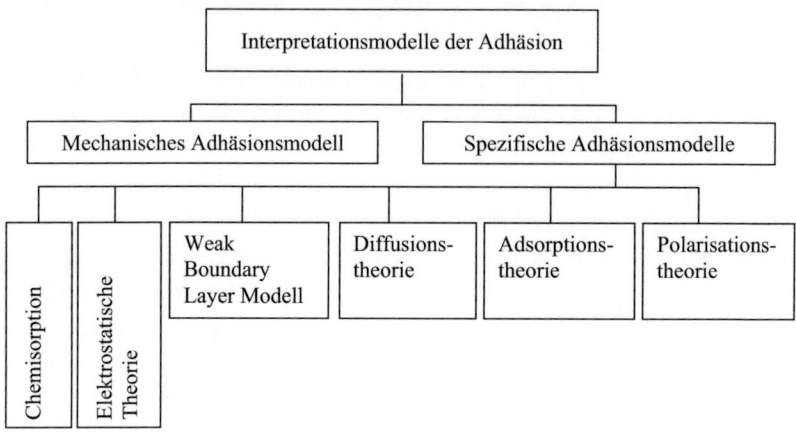

Abbildung 25: Übersicht über die Modelle zur Interpretation der Adhäsion [nach (Brockmann 2005, Bischof und Possart 1983, Schuck 2009)]

Die *mechanische Adhäsion* ist die älteste der bestehenden Theorien. Dabei dringt Material der zweiten Komponente in Mikrorisse und Poren der ersten Komponente ein und führt damit zu einer mechanischen Verklammerung.

Die *spezifische Adhäsion* ist materialabhängig und unterscheidet zwischen physikalischen, chemischen oder thermodynamischen Wechselwirkungen an der Grenzfläche.

Die *Chemisorption* beschreibt die Bildung von chemischen Bindungen zwischen den Grenzflächen der Verbindungspartner. Diese Bindung führt bei Metallklebungen zu besseren Verbundfestigkeiten, konnte jedoch bei Kunststoff-Kunststoff-Verbunden bislang nicht festgestellt werden (Schuck 2009).

Auch die *elektrostatische Adhäsionstheorie* beschreibt vor allem Vorgänge bei Verbindungen von Metall und Kunststoff und spielt deshalb für Verbindungen im Zweikomponentenspritzgießen nur eine untergeordnete Rolle (Kuhmann 1999).

Das *Weak Boundary Layer Modell* beschreibt Grenzschichten, bei denen eine Zwischenschicht eine direkte Verbindung zwischen den Verbundpartnern verhindert. Die Ursache dieser Grenzschicht wird durch die Verunreinigung der Bauteiloberfläche, Luft- oder Gaseinschlüsse und auch Reaktionsprodukte der Polymerpartner untereinander oder mit der umgebenen Luft begründet (Schuck 2009).

Die *Diffusionstheorie* bezieht sich auf die Eigenschaft der Makromoleküle, stoffliche Brücken zwischen den in Kontakt stehenden Flächen der Kunststoffpartner auszubilden. Dabei bildet sich eine Interphase, in der es zu einer unscharfen Grenzfläche zwischen den beiden Polymerpartnern kommt. Die dazu gehörige Autohäsion oder Selbst-Adhäsion führt bei der Verwendung von identischen Materialien dazu, dass sich eine feste Verbindung bildet. In verschiedenen Arbeiten zur Untersuchung von Kunststoff-Kunststoff-Grenzflächen beim Spritzgießen wird die Diffusionstheorie als ein wesentlicher Haftungsmechanismus gesehen (Kühnert 2005, Kuhmann 1999).

Die *Adsorptionstheorie* beschreibt eine feste Verbindung durch interatomare und intermolekulare Kräfte entlang der Grenzfläche. Dabei bilden sich Primär- und Sekundärbindungen. Als Primärbindungen werden ionische, kovalente und metallische Bindungen bezeichnet. Wasserstoffbrückenbildung und van-der-Waals Bindungen zählen zur Klasse der Sekundärbindungen. Als Grundlegend sind dabei die Mischbarkeit, die thermodynamische Verträglichkeit der unterschiedlichen Polymere, die Diffusion von Kettenmolekülen und das Erreichen des Gleichgewichtszustandes zu beachten.

Die *Polarisationstheorie* beschreibt die Haftung über die molekularphysikalischen Wechselwirkungen der Dipole an der Oberfläche der Haftungspartner (Bruyne 1947). Um eine optimale Verbindung zwischen zwei Partnern zu erreichen, muss nach (Wittenbeck 1994) an der Oberfläche beider Fügepartner die gleiche Polarität vorliegen.

Auf Basis dieser Überlegungen lassen sich theoretisch die Zusammenhänge der Bindungskräfte erklären. Beim Spritzgießen muss jedoch immer davon ausgegangen werden, dass Strömungs- und Abkühlvorgänge, Viskositätsänderungen, Molekülorientierungen und Eigenspannungen die Diffusion und damit die Adhäsion in entscheidendem Maße beeinflussen. Durch die bewusste Ausnutzung des Zusammenwirkens aller Faktoren kann eine, je nach Anwendung, optimale Verbindung eingestellt werden. Allerdings liegt die Schwierigkeit darin, dieses Zusammenwirken zu klären und eine Vorhersage über die Qualität der Verbindung zu geben. Bisher ist es nicht umfassend gelungen, vorab quantitative Aussagen über Verbundfestigkeiten zwischen zwei Polymerpartnern zu berechnen. Für jede angewandte Materialkombination und jedes Werkzeugdesign müssen deshalb Untersuchungen über den komplexen Wirkungskreis der Einzelfaktoren durchgeführt werden (Kuhmann 1999, Johannaber und Michaeli 2004, Kühnert 2005).

Mittels Kompatibilitätsstudien werden deshalb in einer Reihe von Veröffentlichungen Materialpaarungen gegenübergestellt und qualitative Aussagen über die Eignung für einen festen Verbund der Partner getroffen (Distrupol 2007, Schmachtenberg 2007, Johannaber und Michaeli 2004). Da jede dieser Studien an konkreten Handelsprodukten durchgeführt wird und bestimmte Prozessbedingungen zugrundegelegt sind, können sie jedoch nur als Empfehlung gelten. Neben hart/hart Verbindungen gibt es auch Materialkombinationen von Thermoplast und Gummi oder Duroplast, die wegen ihrer unterschiedlichen molekularen Grundstruktur und gegensätzlichen Verarbeitungsparametern nur durch spezielle Anpassungen zu festen Verbunden führen (Kühnert 2005, Steinbichler und Bauer 2007).

Generell ist festzustellen, dass die Qualität von Mehrkomponentenverbindungen von deren Entstehungsbedingungen und den jeweiligen material- und verfahrensspezifischen Einflüssen bestimmt wird. Um die Haftung zwischen zwei Polymeren auch technisch bewerten zu können, wird im Allgemeinen die Verbundfestigkeit durch Versuche an Zugprobekörpern, Modellplatten oder Bauteilen ermittelt. Viele Polymere gehen dabei nur geringe oder keine Verbindung mit dem Partner ein. Die Gesamtfestigkeit von Verbindungen wird durch die in der Grenzfläche wirkenden Bindungskräfte bestimmt. Wenn an dieser Verbindungsstelle eine Kerbe als Soll-Bruchstelle wirkt, sinkt die Verbundfestigkeit aufgrund der Kerbwirkung sehr stark ab.

In (Kühnert 2005) werden folgende wichtige Faktoren zum Einfluss auf die Verbundfestigkeit anhand verschiedener Quellen zusammengefasst:

- Materialeigenschaften (ob es sich zum Beispiel um ein amorphes oder teilkristallines Material handelt und welche zusätzlichen Additive und Füllstoffe verwendet werden)
- Prozessparameter (Maschineneinstellparameter bei der Verarbeitung)
- Werkzeug und Formteilgeometrie (Wanddicke, Fließwege)

Weitere Faktoren sind die charakteristischen Merkmale einer Grenzfläche:

- Die Ausbildung der Grenzflächenkontur (eben, gewölbt oder verzahnt) und die damit verbundenen Molekül- und Füllstofforientierungssituationen
- Die Tiefe und der Öffnungswinkel der an der Grenzfläche entstehenden, umlaufenden Kerbe

Um den Einfluss der einzelnen Faktoren auf die Verbundfestigkeit genau nennen zu können, werden die Zusammenhänge und gegenseitigen Abhängigkeiten immer wieder intensiv analysiert (Jaroschek 1994, Brinkmann 1996, Kühnert 2005, Kuhmann 1999). Das Ziel ist es, anhand dieser Parameter die erreichbaren Festigkeiten vorherzusagen. Dabei zeigt sich, dass die Prozessparameter einen entscheidenden Einfluss auf die Verbindungszone haben. Wenn Materialien untersucht werden, die anhand der genannten Adhäsionstheorien eine feste Verbindung eingehen, erreicht man durch eine Veränderung der Prozessparameter auch eine Änderung der Haftung.

Die Spritzgießparameter haben unterschiedlichste Einflüsse auf die Verbindungszone. Der größte Einfluss wird im Allgemeinen den Prozesstemperaturen zugeschrieben. Verschiedenste Untersuchungen kommen dabei zu dem Ergebnis, dass sich die Erhöhung der Massetemperatur bei Hart/Hart-Verbindungen positiv auf die Verbundfestigkeit auswirkt (Kuhmann 1999, Kühnert 2005). Die erhöhte Massetemperatur führt dabei zu einer erhöhten Kontakttemperatur und damit zu einer begünstigten Interdiffusion. Bei der Herstellung von hart/weich Verbunden konnte dieser signifikante Einfluss nicht festgestellt werden. Die zweite wichtige Prozesstemperatur ist die Werkzeugtemperatur, bzw. die Temperatur der Kavitätsoberfläche. Dabei sollte angestrebt werden, ein ausgewogenes Temperaturniveau über die gesamte Kavitätsoberfläche zu erzielen, um eine gleichmäßige Füllung und auch Abkühlung zu gewährleisten (Kühnert 2005). Die Werkzeugtemperatur wird vor allem bei gezielter Erzeugung einer Nichthaftung der beiden Polymerpartner gering eingestellt. Untersuchungen von (Eberhardt und Münch 2001) haben jedoch ergeben, dass z.B. bei der Verbindung von PA6 und PA12 die niedrigere Werkzeugwandtemperatur zu besseren Ergebnissen führt. Eine punktuelle Erwärmung der Werkzeugoberfläche, um Bindenähte zu verkleinern oder zu eliminieren, beschreiben (Thienel et al., 1995). Diese Erwärmung der Kavitätsoberfläche kann auch dazu genutzt werden, die Kontaktzone beim Zweikomponentenspritzgießen punktuell zu erwärmen. Dagegen spricht jedoch das ungleichmäßige Abkühlverhalten, welches wieder zu Eigenspannungen führt.

Über den Einfluss der Einspritzgeschwindigkeit auf die Verbundfestigkeit gibt es in der Literatur konträre Aussagen. Zum Teil kann kein signifikanter Einfluss auf die Grenzflächenfestigkeit nachgewiesen werden, obwohl eine hohe Einspritzgeschwindigkeit aufgrund der höheren Scherung auch eine gewisse Temperaturerhöhung mit sich bringt. Untersuchungen von (Kuhmann 1999) haben ergeben, dass eine höhere Einspritzgeschwindigkeit auch zu besseren Ergebnissen bezüglich Verbundfestigkeit führt. Dagegen stehen die Untersuchungen in (Eberhardt und Münch 2001), die bei der Untersuchung von PA6 und SMA feststellen, dass die Einspritzgeschwindigkeit den kleinsten Einfluss hat und sich auf den Verbund negativ auswirkt. Auch bei der Kombination von Polyamid 6 und PP – SMA – Blend oder auch PA 6 und PA12 kommen sie zu dem Ergebnis, dass eine Erhöhung der Einspritzgeschwindigkeit die Zugfestigkeit ihrer Proben verringert.

Der Einfluss des Nachdrucks auf die Verbundfestigkeit von Zweikomponentenzugstäben wurde in (Eberhardt und Münch 2001) an konkreten Materialkombinationen analysiert und die Autoren kommen zu dem Schluss, dass der Nachdruck nur bei wenigen der untersuchten Kombinationen einen signifikanten Einfluss hat. In diesen speziellen Fällen führt der geringere Nachdruck zu besseren Ergebnissen.

Im Ergebnis zeigen die Arbeiten, dass, aufgrund der Komplexität des Zusammenwirkens der einzelnen Faktoren und Mechanismen, keine allgemeingültige Erklärung für die Vorgänge bei der Entstehung von Kunststoffgrenzflächen gefunden werden kann und auch allgemein keine Werte für beste Verbundeigenschaften getroffen werden können. Es ist somit immer notwendig, für die spezielle Kombination eine Untersuchung zu den Parametereinstellungen durchzuführen und diese zu analysieren.

Die Untersuchungen in (Finnah, 2005) beim Vergleich des Einlegespritzgießens mit der Zweikomponententechnik unter Verwendung von rußgefülltem Polyamid 12 und Polyoxymethylen zeigen keine Verbesserung der Spaltbildung. Bei Versuchen mit rußgefüllten Polyamid 12 und Polyamid 12 natur zeigen sich bessere Verbundfestigkeiten und auch eine geringere Spaltbildung.

Die Herausforderungen bezüglich inhomogener Leitfähigkeit, Spaltbildung, Optimierung der Prozessparameter und dem Entformen der fertigen Bauteile konnten nicht restlos aufgeklärt werden und bedürfen weiterer Untersuchungen (Finnah, 2005).

2.2 Einordnen der Herstellverfahren für metallische Mikrobauteile

Die große Variation der Herstellverfahren für Mikrobauteile ist bedingt durch die unterschiedlichsten Industriebedürfnisse und Funktionsanforderungen an die Strukturen oder Oberflächen. Für eine direkte Gegenüberstellung der Verfahren bezüglich erreichbarer Oberflächengüten oder minimaler Details müssten zuerst genaue Definitionen der verwendeten Designs und Methoden mit den jeweiligen Bearbeitern abgesprochen und vergleichende Probekörper hergestellt werden. Da die Verfahren von unterschiedlichen Institutionen mit unterschiedlichen Zielsetzungen entwickelt oder angewendet werden, ist eine solche quantitative Gegenüberstellung nicht fehlerfrei möglich. Eine Gegenüberstellung macht erst dann Sinn, wenn ein Zielsystem definiert wurde und die genauen Anforderungen im Detail betrachtet werden können. Die Grenze zwischen den Fertigungsverfahren liegt nicht scharf vor, vielmehr ist es eine produktbezogene Entscheidung, welches Fertigungsverfahren Einsatz findet. Im Bereich der metallischen Mikrobauteile fällt dabei die Gegenüberstellung der einzelnen Verfahren noch schwerer, da durch die Neuheit der Verfahren viel Kompetenz und Wissen bei den spezialisierten Firmen und Instituten vorhanden ist, das nicht publiziert wird. Zudem werden immer wieder neue Verfahren im universitären Umfeld entwickelt, für die über die gewünschten Vergleichskriterien noch keine Aussagen getroffen werden können.

Somit lassen sich die Verfahren nur qualitativ, fokussiert auf bestimmte Eigenschaften, gegenüberstellen. Stellt man die erreichbaren Oberflächenqualitäten den wirtschaftlich realisierbaren Stückzahlen gegenüber, erhält man eine Abschätzung über die industriell nutzbaren Einsatzbereiche der verschiedenen Fertigungsverfahren. Diese qualitative Abschätzung zeigt, dass die Herstellung von Bauteilen in kleinen Stückzahlen auch mit hochwertigen Oberflächenqualitäten bereits heute industrielle Praxis ist und durch eine Vielzahl von unterschiedlichen Verfahren realisiert werden kann. Auch die Massenherstellung von metallischen Mikrobauteilen, ohne Anspruch auf hochwertigste Oberflächen, findet durch das Pulverspritzgießen, das Mikroätzen und die Stanztechnik Anwendung in der Industrie. In der Übersicht wird jedoch auch deutlich, dass ein Verfahren für die Massenproduktion von metallischen Mikrobauteilen mit hochwertigen Oberflächen fehlt, Abbildung 26.

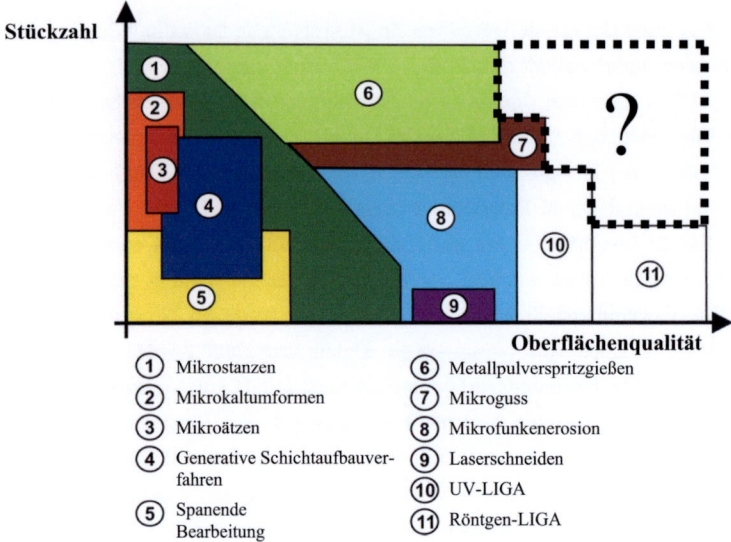

Abbildung 26: Abgeschätzte Einordnung der Fertigungsverfahren für Mikrobauteile (Stückzahl über Oberflächenqualität)

Durch das LIGA-Verfahren können Bauteile mit besten Oberflächenqualitäten hergestellt werden, jedoch ist die Herstellung in großen Stückzahlen wie in 2.1.1. beschrieben nicht wirtschaftlich. Die Wirtschaftlichkeit vom Mikroguss und vor allem dem Metallpulverspritzgießen steigt mit der Anzahl der Bauteile an, jedoch sind hier die erreichbaren Oberflächenqualitäten wie in 2.1.3 gezeigt verfahrensbedingt begrenzt.

Diese Lücke kann somit durch die etablierten Fertigungsverfahren momentan noch nicht geschlossen werden. Mit der Idee, Mikrostrukturen durch die „zweite Galvanik" zu replizieren, könnten die dafür notwendigen Anforderungen theoretisch erfüllt werden, jedoch ist es bislang nicht gelungen, Bauteile mit hohen Oberflächenqualitäten reproduzierbar herzustellen.

Somit zeigt sich der Bedarf an einem Verfahren, mit dem metallische Mikrobauteile mit hohen Oberflächenqualitäten in hohen Stückzahlen hergestellt werden können.

3 Prozessanalyse und Untersuchungsmethoden

In der Übersicht über den Stand der Forschung konnte der Bedarf an einem Verfahren aufgezeigt werden, mit dem sich metallische Mikrobauteile mit besten Oberflächenqualitäten in Serie herstellen lassen. Hieraus lässt sich eine Anforderungsliste für einen neues Verfahren erstellen, das diese Anforderungen erfüllen kann. Die Verfahrenskombination aus Mehrkomponentenspritzgießen und Galvanoformung bietet dabei eine überzeugende Möglichkeit diese Anforderungen zu erfüllen. Anhand einer kritischen Prozessanalyse werden Schwachstellen der Verfahrensidee aufgezeigt und Methoden beschrieben, mit denen diesen Herausforderungen begegnet werden kann.

3.1 Anforderungsliste an den zu entwickelnden Prozess

Die Aufgabe ist es, ein Verfahren zu entwickeln, mit dem Mikrobauteile mit guten Oberflächenqualitäten in Serie hergestellt werden können. Anhand der untersuchten Prozesse wird die galvanische Replikation dabei als Lösungsraum definiert. Basierend auf der Übersicht über den Stand der Forschung und den in Kapitel 2 geschilderten Problemen der bestehenden Verfahren, lässt sich folgende Anforderungsliste an die zu entwickelnde Verfahrenskette aufstellen:

- Hohe Reproduzierbarkeit
- Automatisierbarkeit
- Hohe Abformgenauigkeit und -qualität
- Kurze Zykluszeiten
- Fehlerfreie Bauteile
- Formeinsätze dürfen nicht beschädigt werden
- Verwendung einer zurückgesetzten Elektrode
- Homogene Abscheidung bei der Galvanoformung
- Endkonturnahe Bauteile zur Vermeidung weiterer Bearbeitungsschritte

Das Kunststoffspritzgießen ist ein Replikationsverfahren, das sich durch hohe Abformgenauigkeiten und kurze Zykluszeiten auszeichnet. Durch die Entwicklung des Mikrospritzgießens mit evakuierter Prozessführung können auch feinste Strukturen bis in den Mikrometerbereich genau abgebildet werden. Auf Basis der in (Naumann, 2003; Finnah et al., 2002; Finnah et al., 2004; Holstein et al., 2005; Finnah, 2005) durchgeführten Untersuchungen bietet sich das Zweikomponentenspritzgießen als Spritzgießsonderverfahren für eine Realisierung der Anforderungen an. Durch Verwendung einer elektrisch leitfähigen und einer isolierenden Komponente kann auf einfache Weise eine zurückgesetzte Elektrode[8] hergestellt werden kann. Zudem eignet sich das Verfahren zur Automatisierung und erzielt reproduzierbare Ergebnisse. Diese genannte Konfiguration mit der zurückgesetzten Elektrode bietet eine vielversprechende Voraussetzung für die nachfolgende fehlerfreie und hochpräzise Abformung der metallischen Mikrokomponenten durch galvanische Abscheidung.

3.2 Kombination aus Mehrkomponentenspritzgießen und Galvanoformung

Im Folgenden wird dieses Verfahren als Abkürzung für die Verfahrensschritte **Mehr**komponenten-**S**pritzgießen und **G**alvanoformung als **MSG**-Verfahren bezeichnet.

Zuerst wird eine leitfähige Grundplatte in der ersten Kavität des Zweikomponentenspritzgießwerkzeugs erzeugt und über eine Indexplatte in die zweite Kavität gedreht. Anschließend wird ein Formeinsatz mit Mikrostrukturen auf die leitfähige Grundplatte gepresst, mit nicht-leitfähigem Kunststoff umspritzt und dann entformt.

Nach dem elektrischen Kontaktieren der leitfähigen Komponente wird diese Vorform in ein Galvanikbad gesetzt und durch Galvanoformung werden metallische Schichten abgeschieden. Die Metallabscheidung startet dabei auf dem leitfähigen Grund der Mikrokavitäten, die durch die isolierende Komponente begrenzt werden. Die darauf entformten metallischen Strukturen sind identische Kopien der Strukturen auf dem Formeinsatz.

Die wichtigsten Zwischenschritte dieser Verfahrenskombination sind in Abbildung 27 dargestellt.

---

[8] „Zurückgesetzte Elektrode" ist ein Begriff der LIGA-Technik und bezeichnet Elektroden, die nicht eben, sondern durch eine isolierende Komponente mikrostrukturiert vorliegen, wobei nur der Strukturgrund elektrisch leitfähig ist.

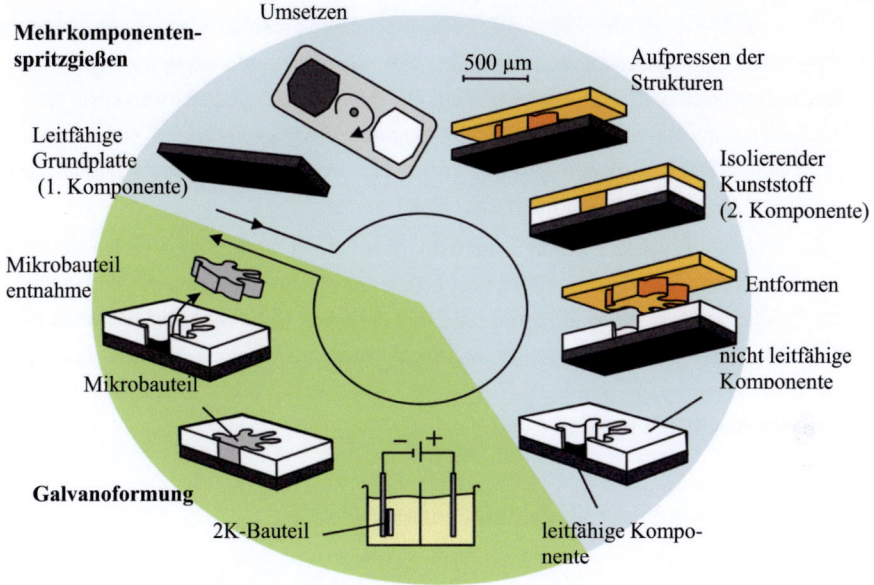

Abbildung 27: Schematischer Ablauf des MSG-Verfahren

Der MSG-Prozess erfüllt die Anforderungsliste in folgenden Punkten:

- Hohe Reproduzierbarkeit

- Automatisierbarkeit

- Hohe Abformgenauigkeit und -qualität

- Kurze Zykluszeiten

- Formeinsätze dürfen nicht beschädigt werden

- Verwendung einer zurückgesetzten Elektrode

- Endkonturnahe Bauteile zur Vermeidung weiterer Bearbeitungsschritte

Die in (Finnah, 2005) durchgeführten Untersuchungen an Bauteilen, die über das Einlegespritzgießen abgeformt und galvanisch gefüllt wurden, zeigen, dass die Anforderungliste in den folgenden Punkten noch nicht erfüllt werden können:

- Homogene Abscheidung bei der Galvanoformung

- Fehlerfreie Bauteile

Bei der Abscheidung von Nickel auf Spritzgussbauteilen wurden inhomogene elektrische Oberflächenwiderstände festgestellt. Für die Galvanoformung ergeben sich dadurch unterschiedliche Probleme. Wenn auf den Zweikomponentenbauteilen viele Strukturen aufgebracht sind, führt die inhomogene Leitfähigkeit dazu, dass die Strukturen unterschiedlich schnell gefüllt werden und Strukturen in schlecht leitfähigen Bereichen gegebenenfalls gar nicht ausgebildet werden.

Beim Einlegespritzgießen wurde festgestellt, dass bei der Abformung von Zweikomponentenbauteilen ein Spalt zwischen der ersten und zweiten Komponente auftritt, der bei der Galvanoformung gefüllt wird. Dadurch entstehen Mikrobauteile mit Defekten. Um diesen Herausforderungen zu begegnen, muss der komplette MSG-Prozess schrittweise untersucht und bezüglich seiner Einzelschritte und schließlich in seiner Gesamtheit optimiert werden.

3.3 Einteilung in die einzelnen Prozessschritte

Die einzelnen Prozessschritte des MSG-Verfahrens lassen sich wie folgt unterteilen:

- Das Spritzgießen der elektrisch leitfähigen Grundplatte (1. Komponente)
- Das Umspritzen der Mikrostrukturen (2. Komponente)
- Die Galvanoformung in die zurückgesetzte Elektrode
- Das Vereinzeln der Mikrostrukturen

In der folgenden Analyse der Teilschritte erfolgt ein Abgleich mit dem Stand der Forschung und eine Zusammenstellung der Methoden, die benötigt werden, um die Anforderungen an die Teilprozesse zu erfüllen.

3.3.1 Grundplatte (1. Komponente)

Die erste Komponente beziehungsweise die Grundplatte muss folgende Anforderungen erfüllen:

- homogener elektrischer Oberflächenwiderstand < 50 Ω
- guter Verbund mit nicht leitfähiger Komponente muss möglich sein
- das Material muss durch Spritzgießen verarbeitbar sein
- das abgeformte Bauteil muss sich gut galvanisieren lassen
- es muss eine glatte Oberfläche ausbilden

Mit Leitfähigkeitsruß gefüllte Systeme haben in der Vergangenheit hinsichtlich der Startpunktdichte und der Oberflächenqualität gute Ergebnisse erzielt (Finnah et al., 2002; Holstein et al., 2005). Die dabei festgestellten inhomogenen Leitfähigkeiten an der Oberfläche und die beschriebene abnehmende Leitfähigkeit bei der Galvanoformung müssen grundlegend analysiert werden.

Um die Effekte, die sich beim Spritzgießen dieser gefüllten Kunststoffe ergeben, genauer zu analysieren, wird ein Material aus PA 12 mit unterschiedlichem Vol.-% an elektrisch leitfähigem Ruß compoundiert. Um die Widerstandswerte der Compounds zu bestimmen, wird je nach Höhe des elektrischen Widerstands ein unterschiedliches Messverfahren angewendet (Knothe 1996). In Bereichen mit sehr hohem elektrischem Widerstand (10^4 - 10^{10} Ω) wird nach DIN VDE 0303 der Oberflächenwiderstand mit Hilfe einer Ringelektrodenanordnung ermittelt. Dazu wird bei angelegter definierter Spannung der Strom zwischen äußerer und innerer Elektrode gemessen. Der dazugehörige Messaufbau ist in Abbildung 28 rechts dargestellt.

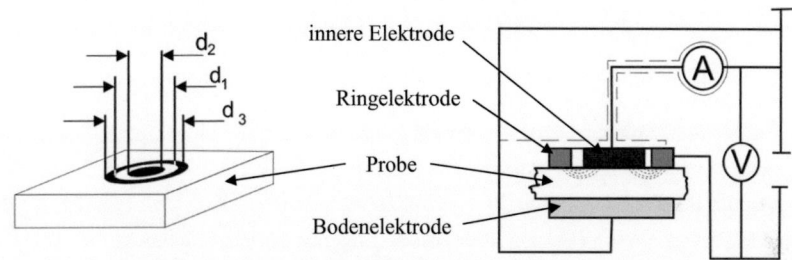

Spezifischer Oberflächenwiderstand:

$$R = \frac{U \cdot p}{I \cdot g}; \quad g = \frac{(d_1 - d_2)}{2}; \quad p = \pi \cdot \frac{(d_1 + d_2)}{2}$$

U = Spannung
I = Stromstärke

Abbildung 28: Ringelektrode und deren Anordnung zur Bestimmung des Oberflächenwiderstandes nach DIN VDE 0303 [nach (Knothe 1996)]

Zur Bestimmung der Oberflächenwiderstände zwischen 10^{-3}-10^4 Ω wird die Vierspitzenmethode verwendet (Knothe 1996). Bei diesem Verfahren werden auf die Bauteiloberfläche vier Elektroden mit einem definierten Abstand aufgebracht, Abbildung 29.

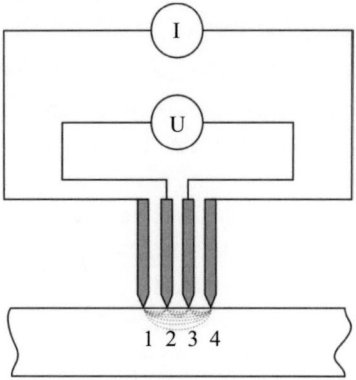

Abbildung 29: Vierspitzenmethode [nach (Becherer 2009)]

An den äußeren Spitzen 1 und 4 wird ein konstanter Strom I eingebracht. Durch die Messung der Spannung U zwischen den innenliegenden Elektroden 2 und 3 wird der Widerstand der Probe ermittelt. Der Oberflächenwiderstand lässt sich aus den gegebenen Messwerten nach (Fischer 2003) durch folgende Formel errechnen:

$$R = \frac{\pi}{\ln 2} \cdot \frac{U_{23}}{I_{14}}$$

R = Oberflächenwiderstand
U = Spannung
I = Stromstärke

Diese Messmethode zeichnet sich dadurch aus, dass der lokale Oberflächenwiderstand an verschiedenen Stellen eines Bauteils bestimmt werden kann. Die abgeformten Bauteile zeigen in (Finnah et al., 2002; Holstein et al, 2005) sich ändernde Oberflächenwiderstände, die somit genauer untersucht werden können. Dadurch lassen sich wichtige Zusammenhänge zwischen den Einstellparametern bei der Abformung und der daraus resultierenden Verteilung des Oberflächenwiderstandes untersuchen.

In Kapitel 2 wurde gezeigt, dass die Homogenität des Oberflächenwiderstandes von den Verarbeitungseigenschaften und den eingebrachten Scherkräften abhängig ist (Gilg, 1979; Knothe, 1996; Finnah, 2005). Mit Hilfe von rechnergestützten Prozesssimulationen lassen sich diese resultierenden Scherkräfte simulieren, wodurch ein besseres Prozessverständnis entwickelt werden kann.

Für das Spritzgießen haben sich spezielle Simulationsprogramme wie SIGMASOFT, MOLDEX3D, CADMOULD und MOLDFLOW auf dem Markt etabliert. In der Praxis werden diese Programme verwendet, um bei der Entwicklung von neuen Werkzeugen und Bauteilen die Heizsysteme und Angussgeometrien richtig auszulegen. Mit Hilfe der Software werden sowohl Bindenähte, Lufteinschlüsse als auch auftretende Scherkräfte genau berechnet. Für die Analyse der inhomogenen Oberflächenwiderstände der Bauteile werden unterschiedliche Füllsimulationen durchgeführt und miteinander verglichen. Durch den Vergleich der Resultate, auf Basis der erstellten Simulations- und Messergebnisse an den realen Bauteilen, können direkte Rückschlüsse auf optimale Einstellungen getroffen werden.

3.3.2 Spritzgießen der Mikrostrukturen (2. Komponente)

Zur Herstellung von metallischen Mikrobauteilen über den MSG-Prozess existieren verschiedenste Anforderungen, die durch die zweite Kunststoffkomponente erfüllt werden müssen. Insbesondere muss die beim Einlegespritzgießen festgestellte Spaltbildung (Naumann, 2003; Finnah, 2005) zwischen den beiden Kunststoffen bei der Herstellung der Vorformen für die Galvanoformung vermieden werden.

Weitere Anforderungen an die zweite Komponente sind folgende:

- im Mikrospritzgießen mit guten Oberflächenqualitäten und feinsten Strukturen abformbar
- gute Kompatibilität mit erster Kunststoffkomponente
- elektrisch isolierend, das heißt Widerstand $>> 100\ \Omega$
- spaltfreier Verbund an der Grenzfläche
- im Galvanikbad chemisch und physikalisch beständig

Bei bisherigen Arbeiten, siehe Kapitel 2.1.3, führt ein Spalt zwischen der ersten und zweiten Komponente nach der Galvanoformung zu Bauteilen mit Unterplattierung. Um diesen Spalt zu vermeiden, muss ein dichter Verbund zwischen der ersten und zweiten Komponente entstehen. Dieser dichte Verbund der Grenzflächen hängt von der physikalischen und chemischen Kompatibilität der verwendeten Werkstoffe ab. Maßgeblich sind dabei, wie im Kapitel „Stand der Forschung" erläutert, die Adhäsionskräfte, die eine Haftung der unterschiedlichen Moleküle im Grenzflächenbereich hervorrufen. Deshalb muss eine Materialkombination angestrebt werden, bei der sich die Verbindung der beiden Komponenten durch hohe Adhäsionskräfte auszeichnet.

Neben der Materialauswahl haben die Spritzgießparameter einen großen Einfluss auf die Verbindung dieser beiden Komponenten. Die spätere Qualitätskontrolle der Zweikomponentenbauteile im Bereich der Grenzfläche, insbesondere im Bereich der Mikrostrukturen, ist nur sehr schwer durchführbar. Deshalb muss nach der Auswahl der Materialpaarung eine Methode entwickelt werden, um solche Grenzflächenspalte bei Mehrkomponentenbauteilen charakterisieren zu können.

Für die systematische Analyse der Verbindungstechnik werden deshalb zuerst Zugversuche an Zweikomponentenzugstäben bevorzugter Materialkombinationen durchgeführt und eine Vorauswahl getroffen.

Aufgrund der Komplexität des Zusammenwirkens der einzelnen Faktoren und Mechanismen beim Zweikomponentenspritzgießen wurden bislang, wie in Kapitel 2 erläutert, noch keine allgemeingültigen Erklärungen für die Vorgänge bei der Entstehung von Kunststoffgrenzflächen gefunden. Somit können auch keine allgemein gültigen Werte oder Parameter für beste Verbundeigenschaften errechnet werden. Deshalb muss für die spezielle Materialkombination eine Untersuchung der Parametereinstellungen durchgeführt werden. Um den Versuchsaufwand gering zu halten, wird die statistische Versuchsplanung eingesetzt, die im Folgenden beschrieben wird.

Die statistische Versuchsplanung wird in vielen Prozessen zur Optimierung eingesetzt. Es gibt dabei unterschiedliche Methoden und Versuchspläne, die zum Ziel führen können (Grundlach 2004, Kleppmann 2008, Gieger 2009). Der Vorteil der statistischen Versuchsplanung ist eine Reduzierung des Versuchsaufwands gegenüber der Trial Error Methode, bei der es Zufall ist, ob die optimale Prozessführung gefunden wird, Abbildung 30. Je mehr Einflussparameter dabei eine Rolle spielen, desto wahrscheinlicher ist es, mit Hilfe der statistischen Versuchsplanung ein Optimum zu erhalten, da hier auch die Wechselwirkungen der Parameter untereinander beachtet werden.

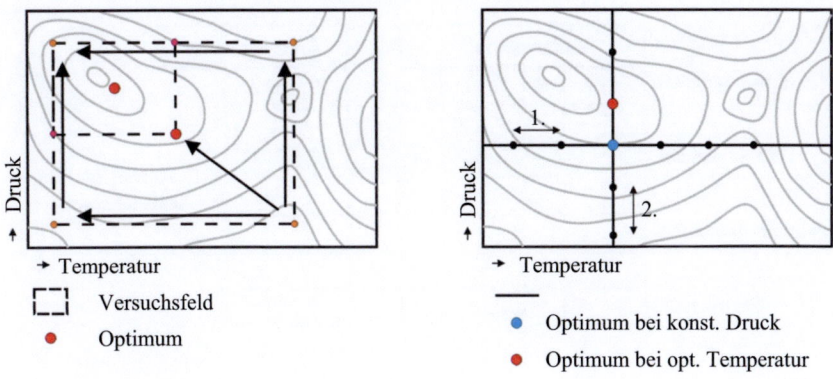

→ Temperatur

⌐⌐⌐ Versuchsfeld
⌐_⌐

● Optimum

→ Temperatur

● Optimum bei konst. Druck
● Optimum bei opt. Temperatur

Abbildung 30: Statistische Versuchsplanung im Vergleich zur Trial Error Methode [nach (Gieger 2009)]

Um den Versuchsaufwand gering zu halten, werden bei 2-stufigen vollfaktoriellen Versuchsplänen die wichtigsten Einflussgrößen auf das Ergebnis ausgewählt und an zwei Parametereinstellungen untersucht. Durch systematische Variation dieser Parameter und Messung der Zielgrößen wird die beste Parameterkombination der Einflussgrößen für den Prozess bestimmt. Das System wird dabei von Störgrößen und den Prozessparametern, die keinen oder nur einen geringen eindeutigen Einfluss auf das Ergebnis haben und nicht mit in den Versuchsplan aufgenommen werden, beeinflusst. Ziel der Versuchsplanung ist es, mit den untersuchten Parametereinstellungen das Optimum für den Prozess zu bestimmen. Deshalb müssen vor der Durchführung der Versuche die ausgewählten Prozessparameter analysiert werden und Einstellparameter für die jeweiligen Einstellgrößen bestimmt werden, von denen zu erwarten ist, dass sie unter und oberhalb des Optimums liegen.

Die Aufstellung der durchzuführenden Versuche erfolgt in der Planmatrix und der Antwortmatrix, Abbildung 31. Für die Erstellung und die Auswertung dieser Tabellen gibt es mittlerweile einige unterstützende Softwarelösungen (Ronniger 2008).

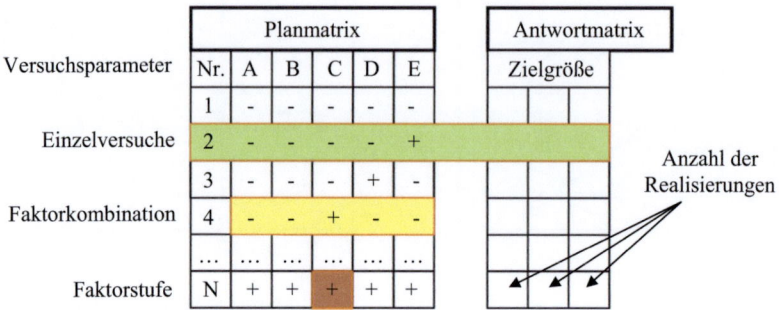

Abbildung 31: Planmatrix und Antwortmatrix eines 2-stufigen, vollfaktoriellen Versuchsplans

In der Planmatrix werden die Einzelversuche mit den Faktor-Stufenkombinationen der
Einstellparameter aufgestellt. Die Anzahl dieser Einzelversuche wird durch die Menge
an Faktoren bestimmt. Generell gilt für die Anzahl n der Einzelversuche:

$$n = m^k$$

n = Anzahl der Einzelversuche

k = Versuchsparameter

m = Anzahl der Stufen

Bei einem 2-stufigen Versuchsplan mit 5 Einflussgrößen müssen folglich $2^5 = 32$ Einzelversuche durchgeführt werden. Die Anordnung der Einzelversuche in der Planmatrix wird durch eine Randomisierung, also einer zufälligen Verteilung, festgelegt,
um Fehler aufgrund von Störeffekten oder Trends zu vermeiden. Für zweistufige Versuchspläne ist es wichtig, dass die Steigung zwischen den einzelnen Parametereinstellungen linear ist. Zur Überprüfung dieser Linearität wird zusätzlich ein Zentral-
punktsversuch durchgeführt, d.h. es wird ein Versuch durchgeführt, bei dem alle Fak-
torkombinationen gemittelt sind.

Nach der Durchführung der Einzelversuche muss die Zielgröße bestimmt werden. Eine Zielgröße muss quantitativ messbar sein. Je ungenauer die Messung dieser Größe
erfolgt, desto ungenauer werden auch die Ergebnisse, die mit Hilfe dieser Versuchs-

planung erarbeitet werden können. Es ist deshalb wichtig, alle genannten Größen genau zu untersuchen, gezielt auszuwählen und geeignete Methoden zur Bestimmung der Zielgröße zu generieren. Der Wert der Zielgröße wird in die Antwortmatrix eingetragen und damit werden die Einflussdiagramme und das Optimum errechnet. Mit diesen Ergebnissen lässt sich ein Zusammenhang zwischen den Einflussgrößen und den Zielgrößen herleiten.

Mit Hilfe dieser statistischen Untersuchung lassen sich somit die Wechselwirkungen beim Zweikomponentenspritzgießen zwischen den Prozessparametern erkennen und ideale Einstellungen für den Prozess bestimmen.

3.3.3 Galvanoformung und Vereinzeln der Mikrostrukturen

Bei Verwendung einer zurückgesetzten Elektrode werden durch Galvanoformung sowohl beim LIGA-Verfahren als auch bei Bauteilen der „zweiten Galvanik" erfolgreich metallische Strukturen hergestellt. Für die Entwicklung des MSG-Prozesses ist dieser Zwischenschritt somit nach dem Stand der Forschung etabliert und muss nicht speziell weiterentwickelt werden. Die Versuche werden deshalb mit dem von (Naumann, 2003; Finnah, 2005; Holstein et al., 2005) verwendeten Nickelsulfamat-Elektrolyt mit der in Tabelle 1 aufgeführten Zusammensetzung durchgeführt.

Tabelle 1: Kenndaten des Nickelsulfamat - Elektrolyten

Elektrolyt	Nickelsulfamat-Lösung mit Borsäure (Puffer) und Fluortensid (zur besseren Oberflächenbenetzung)
pH-Wert	$3,3 - 3,5$
Strom	Abscheidung läuft stromdichtegesteuert
Spannung	Spannung variiert während des Prozesses und hängt vom Widerstand an Kathode ab
Wachstum	Circa 12 µm/h
Temperatur	60°C

Die Vereinzelung der Mikrostrukturen wurde bei Vorversuchen mittels 80°C heißer Phenollösung durchgeführt (Finnah, 2005). Zur Vermeidung toxischer Dämpfe und um den Prozess automatisierbar zu machen, müssen alternative Verfahren ohne Verwendung von Phenollösung zur Vereinzelung der Strukturen untersucht.

3.4 Resümee der Prozessanalyse

Der in Kapitel 2 erarbeitete Stand der Forschung und die Prozessanalyse zeigen, dass die Entwicklung eines Herstellverfahrens, bei dem über das Zweikomponentenspritzgießen und die Galvanoformung Mikrostrukturen mit besten Oberflächenqualitäten repliziert werden, für die Mikrotechnik eine wichtige Verfahrensalternative darstellen würde. Durch den Abgleich der in 3.2 erstellten Anforderungsliste mit dem Stand der Forschung, wurden die kritischen Punkte der Entwicklung herausgearbeitet und Methoden skizziert, mit denen die Anforderungen untersucht und basierend auf diesen Ergebnissen erfüllt werden können.

Die verfahrensbezogen erste Herausforderung ist es, Spritzgussbauteile mit für die Galvanoformung ausreichendem, homogenem elektrischen Oberflächenwiderstand abzuformen.

Die zweite Herausforderung liegt in der Auswahl eines dazu passenden Werkstoffes und den Prozessparametern, durch die eine Spaltbildung zwischen der ersten und der zweiten Komponente verhindert wird. Die Galvanoformung wie auch das Vereinzeln der Mikrostrukturen wird nicht als kritisches Problem des Prozesses angesehen. Um die Prozessführung zu erleichtern, sollte das Entformen der Mikrostrukturen automatisierbar gestaltet werden.

Damit stehen die Herausforderungen fest, die für die Realisierung des MSG-Prozesses erfolgreich bearbeitet werden müssen.

4   Optimierung der elektrisch leitfähigen Grundplatte

Die aus dem Material Vestamid LR1-MHI abgeformten Bauteile zeigten bei den Untersuchungen in (Holstein et al., 2005) inhomogene Abscheideraten von Metall im Galvanikbad. Dabei zeigte sich, dass sich durch Ändern der Prozessparameter auch der Oberflächenwiderstand ändert. Für das genaue Verständnis der Zusammenhänge zwischen Prozessparametern und dem sich ausbildenden Leitfähigkeitsnetzwerk ist es notwendig, die genaue Materialzusammensetzung zu kennen. Für das kommerzielle Material Vestamid LR1-MHI, das auf PA 12 basiert, liegt diese jedoch nicht vor. Deswegen wird, wie in 3.3.1 beschrieben, ein PA 12 mit leitfähigem Ruß compoundiert. Durch die Analyse dieses Compounds, dessen Zusammensetzung und Herstellung bekannt ist, lassen sich die genannten Phänomene besser untersuchen. Aufbauend auf diesem Verständnis können Prozessparameter bestimmt werden, durch die eine homogene Galvanoformung auf Spritzgussteilen erwartet wird.

4.1   Compoundierung spezieller rußgefüllter Systeme

Um die Eigenschaften rußgefüllter Systeme zu untersuchen, wird ein Polyamid 12 mit einem Leitfähigkeitsruß compoundiert[9]. Ziel dieser Untersuchung ist es, ein Material zu erhalten, das den Anforderungen an die erste Komponente, die für den MSG-Prozess benötigt wird, gerecht wird und mit dem Spritzgussbauteile direkt, d.h. ohne Nachbehandlung, durch Galvanoformung beschichtet werden können.

Für die Versuche wird wegen seiner Flexibilität, seiner Hydrolyseresistenz und chemischer Beständigkeit als Thermoplast Grilamid L16A der Firma EMS Chemie und als leitfähige Komponente Ketjenblack® EC-600 JD der Firma Akzo Nobel verwendet. Dieser Ruß ist sehr feinskalig und zeigt beste Leitfähigkeitseigenschaften (Clingerman 1998). Um den Ruß homogen in das Material einzubringen und das Compound bei der Herstellung nur wenig zu scheren, wird eine Schneckenkonfiguration gewählt, die das Material vergleichsweise geringen Scherkräften aussetzt. Bei zu starker Scherung können Rußpartikel vom Polymer gecoatet und dadurch isoliert werden und stehen dem Leitfähigkeitsnetzwerk nicht mehr zur Verfügung.

---

[9] Das Material ist in Zusammenarbeit mit dem Institut für Kunststofftechnik der Universität Stuttgart entstanden.

Die Compoundierungsversuche wurden mit Doppelschneckenextrudern der Firma Coperion Werner & Pfleiderer aus Stuttgart in zwei unterschiedlichen Baugrößen durchgeführt, dem ZSK[10] 25 WLE und dem ZSK 26 Mcc. Mit dem ZSK 25 WLE werden Proben mit 1,7 // 2,9 // 5,9 und 7,1 Vol.-% und mit dem ZSK 26 Mcc Proben mit 7,1 und 9,0 Vol.-% Ruß hergestellt. Für die Dispergierung der Füllstoffe sind von maschinentechnischer Seite das verfügbare Drehmoment, die maximale Schneckendrehzahl und damit auch die Antriebsleistung die entscheidenden Kriterien. Ein dicht kämmender, gleichläufiger Doppelschneckenextruder wird dabei durch das spezifische Drehmoment M_d/a^3 und das Durchmesserverhältnis D_a/D_i definiert, Abbildung 32.

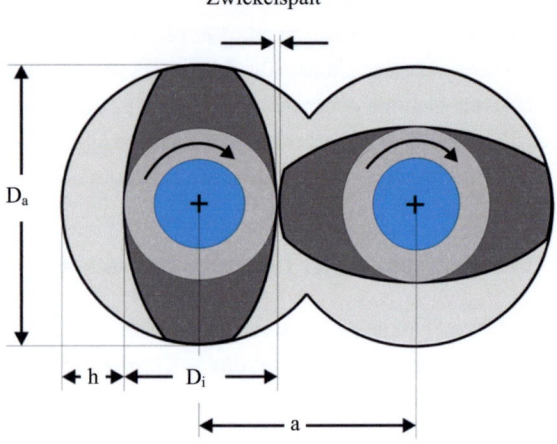

Abbildung 32: Geometriedaten dicht kämmender, gleichläufiger Doppelschneckenextruder (Lambertz 2006)

Die Kenngrößen der verwendeten Extruder, die in Tabelle 2 aufgeführt sind, geben dabei Aufschluss darüber, dass sowohl die maximale Drehzahl als auch das spezifische Drehmoment des ZSK 26 Mcc größer ist als das des ZSK 25 WLE. Damit lässt sich auch eine bessere Dispergierung der Materialien bei der Compoundierung mit dem ZSK 26 Mcc erwarten.

---

[10] ZSK steht für Zweischneckenkneter

Tabelle 2: Kennwerte der verwendeten Extrudergrößen [aus (Lambertz 2006)]

Maschinentyp	Schneckendurchmesser [mm]	D_a/D_i	Max. Drehzahl [U/min]	Spez. Drehmoment [Nm/cm³]
ZSK 25 WLE	25	1,50	1200	8,7
ZSK 26 Mcc	25,5	1,55	1800	11,3

4.2 Rheologische Charakterisierung der Compounds

Um die Verarbeitbarkeit durch Spritzgießen zu gewährleisten, wird das Material zuerst rheologisch[11] untersucht. Vor allem die hochgefüllten Systeme bewegen sich im Grenzbereich der Spritzgießverarbeitung. Abbildung 33 zeigt die Scherviskosität des mit 7,1 Volumenprozent und des mit 9,0 Volumenprozent rußgefüllten Materials. Es zeigt sich durch den Anstieg des Rußanteils auch ein deutlicher Anstieg der Viskosität, Abbildung 33.

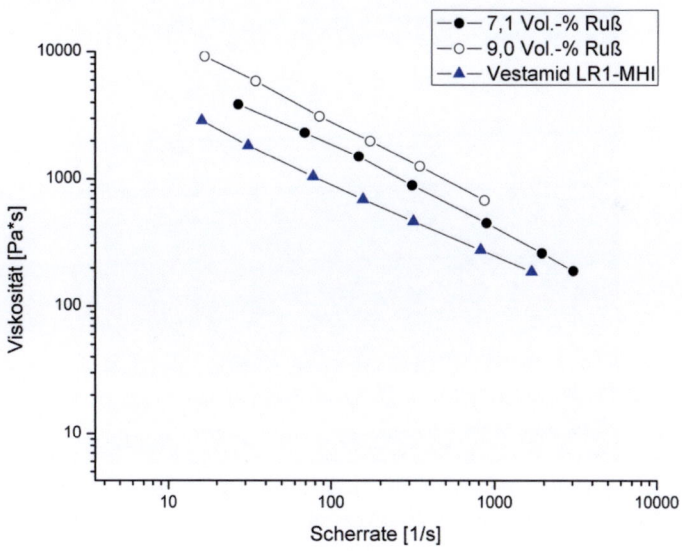

Abbildung 33: Scherviskosität von Formmassen mit 7,1 Vol.-% und mit 9,0 Vol.-% Rußfüllung im Vergleich zur Scherviskosität von LR1-MHI

---

[11] Die Rheologie ist die Fließkunde eines Werkstoffes. Dabei wird das mechanische Verhalten kontinuierlicher, deformierbarer Stoffe (Elastizität, Plastizität, Viskosität) untersucht.

Die Viskosität des Vestamid LR1-MI ist bei den untersuchten Scherraten geringer als die Viskosität der beiden neu compoundierten Materialien. Damit ist die Fließfähigkeit des kommerziellen Materials besser. Dennoch konnten sowohl das mit 7,1 Volumenprozent Ruß gefüllte als auch das mit 9,0 Volumenprozent Ruß gefüllte Material abgeformt werden.

4.3 Abformung und elektrische Charakterisierung der leitfähigen Compounds

Aus den unterschiedlichen Compounds werden unter Variation der Einspritzgeschwindigkeit Bauteile mit Abmessungen von 60 x 40 mm mit 2 mm Dicke und mit einer Änderung der Dicke auf 1 mm hergestellt, Abbildung 34.

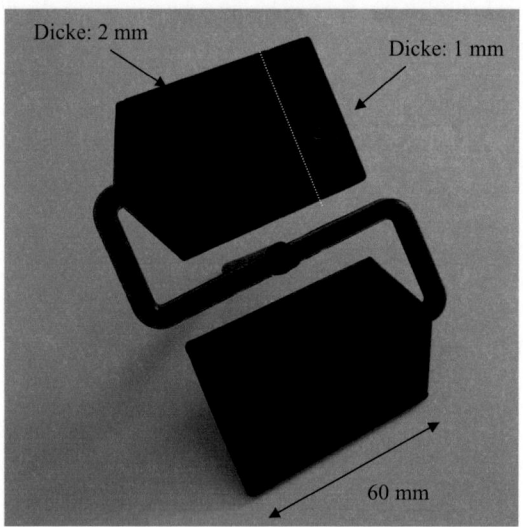

Abbildung 34: Prüfkörpergeometrie zur Bestimmung der Perkolationsschwelle[12] und Untersuchung der Abhängigkeit zwischen Einspritzgeschwindigkeit und dem Oberflächenwiderstand

---

[12] Die kritische Konzentration an Füllstoff, bei der die Leitfähigkeit des Systems sprunghaft ansteigt, nennt man Perkolationsschwelle

Für die Versuche wird die Schneckenvorschubgeschwindigkeit auf 10, 20, 30, 40, 50 und 55 mm/s eingestellt. Der elektrische Widerstand der Spritzgussteile wird in Anlehnung an VDE DIN 0303 gemessen und die Perkolationskurve erstellt.

Es ergibt sich eine Perkolationsschwelle der Proben, welche bei etwa 4 Vol.-% Rußanteil liegt, Abbildung 35.

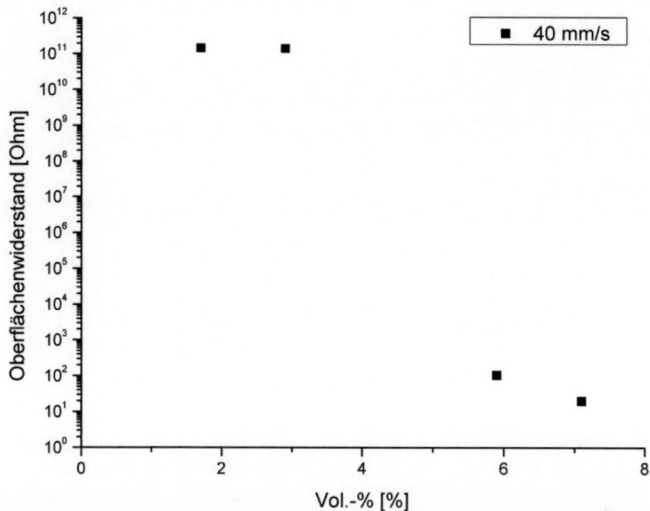

Abbildung 35: Nach DIN VDE 0303 gemessene Oberflächenwiderstandswerte der Spritzgussbauteile nach Compoundierung von Grilamid L16A der Firma EMS Chemie und Ketjenblack® EC-600 JD der Firma Akzo Nobel bei einer Schneckenvorschubgeschwindigkeit von 40 mm/s

Für den MSG-Prozess ist jedoch nicht die Perkolationsschwelle die wichtigste Größe, sondern der minimal erreichbare elektrische Oberflächenwiderstand. Dieser sinkt mit dem Anstieg des Rußanteils.

Durch das geringere Drehmoment des ZSK 25 WLE kann kein mit 9,0 Vol.-% rußgefülltes Material hergestellt werden. In Abbildung 36 sind die Ergebnisse der Widerstandsmessung in Abhängigkeit der durch den Schneckenvorschub definierten Einspritzgeschwindigkeit aufgetragen.

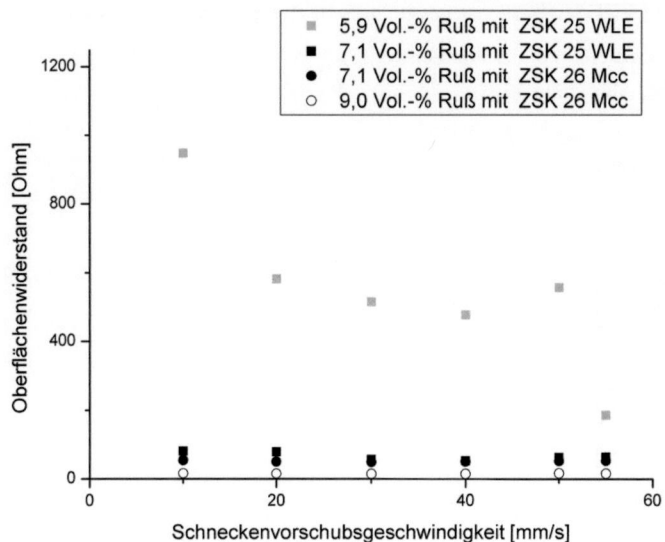

Abbildung 36: Einfluss der Einspritzgeschwindigkeit auf den Oberflächenwiderstand mit den
angegebenen Vol.-% Ketjenblack EC-600JD gefülltem Grilamid L16A

Bei dem mit 5,9 Vol.-% gefüllten Material ist, im Vergleich zu den übrigen Werten,
der Einfluss der Einspritzgeschwindigkeit sehr deutlich zu erkennen. Bei einem
Schneckenvorschub von 10 mm/s liegt der Oberflächenwiderstand bei ~950 Ω. Durch
die Erhöhung der Schneckenvorschubgeschwindigkeit auf 30 mm/s wird dieser Wert
nahezu halbiert und sinkt auf 500 Ω.

Betrachtet man die Ergebnisse der mit 7,1 Vol.-% gefüllten Bauteile, wird der Einfluss der unterschiedlichen Compoundierungsmaschinen deutlich. In Abbildung 37
sind zur Verdeutlichung nur noch die Messwerte der mit 7,1 und 9,0 Vol.-% gefüllten
Bauteile aufgetragen.

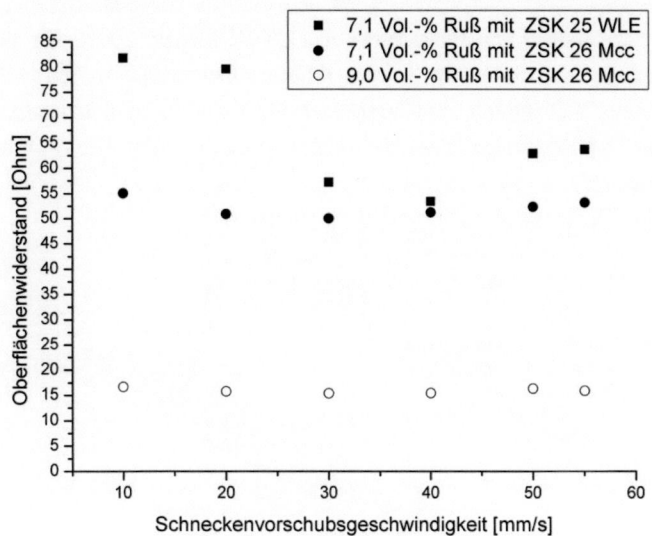

Abbildung 37: Einfluss der Einspritzgeschwindigkeit auf den Oberflächenwiderstand unterschiedlich mit Ruß gefüllter Thermoplaste [0-85Ω]

Hier wird vor allem der Unterschied der verwendeten ZSK-Systeme deutlich. Trotz Verarbeitung derselben Grundmaterialien zeigt sich bei einer geringeren Schneckenvorschubgeschwindigkeit ein Unterschied des elektrischen Widerstands von circa 60 %. Während auf Proben des mit dem ZSK 25 WLE verarbeiteten Materials bei einer Schneckenvorschubgeschwindigkeit von 20 mm/s, ein Widerstandswert von ~80 Ω gemessen wird, wird an Proben mit demselben Material, hergestellt durch den ZSK 26 Mcc, ein Widerstandswert von ~50 Ω erreicht. Dadurch wird deutlich, dass der Einfluss der Einspritzgeschwindigkeit auf das besser homogenisierte Material viel geringer ausfällt als auf das schlechter homogenisierte. Für das mit 9,0 Vol.-% gefüllte Material werden mit ~15 Ω Oberflächenwiderstände gemessen. Im Vergleich dazu wurden in Finnah (2005) mit dem bislang verwendeten Vestamid LR1-MHI Werte von 40 – 100 Ω erreicht.

4.4 Vergleich der Ergebnisse mit Simulationsrechnungen

In der Literatur findet man Hinweise auf den Einfluss von Schereffekten auf den Oberflächenwiderstand von Bauteilen (Cabot, 2006; Finnah, 2005). Um diese Annahmen genauer zu untersuchen, wurden Probegeometrien mit dem mit 9,0 Vol.-% gefüllten Material abgeformt, ihr Oberflächenwiderstand bestimmt und vergleichende Simulationen der Scherraten mittels MOLDFLOW durchgeführt. Die Größenangaben der Probengeometrie mit einer stufenförmigen Verengung des Querschnitts und mit verengendem Querschnitt sind in Abbildung 38 dargestellt.

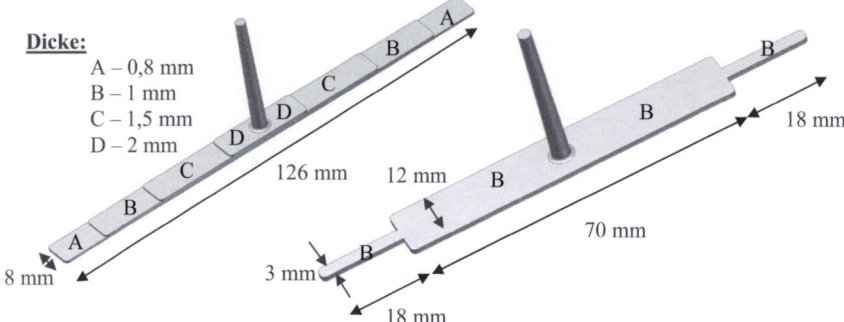

Abbildung 38: Stufenprobe und Bauteil mit verengtem Querschnitt

Simuliert man die Formfüllung der Stufenprobe und berechnet die maximal auftretende Scherrate, so zeigt sich bei jeder Querschnittsänderung eine Erhöhung der Scherung, Abbildung 39.

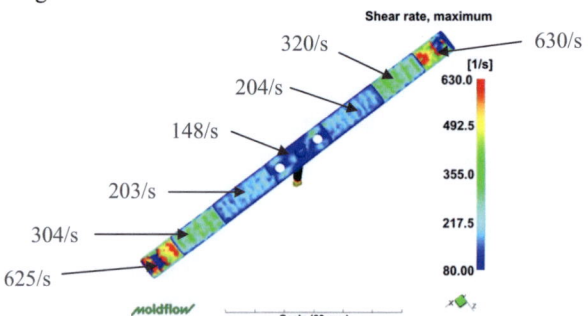

Abbildung 39: Ergebnisse der Simulation der maximal auftretenden Scherrate beim Füllen der Stufenprobengeometrie

Die Vierpunktmessung des Oberflächenwiderstandes ergibt die folgenden Ergebnisse, Abbildung 40.

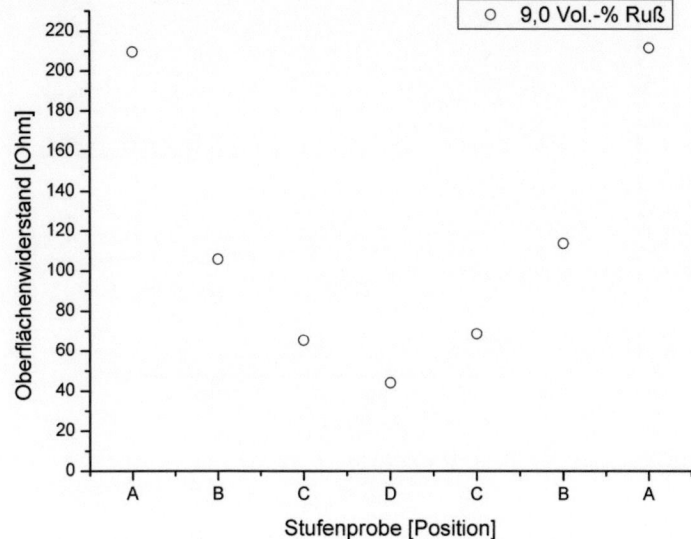

Abbildung 40: Stufenprobe und gemessener Oberflächenwiderstand (Vierpunktmessmethode) der einzelnen Stufen

Demzufolge steigt der Oberflächenwiderstand mit jeder Stufenänderung an. Es zeigt sich am Bauteil eine Erhöhung des Widerstandes mit Erhöhung der Scherung beim Abformen. Bei der Gegenüberstellung der in MOLDFLOW durch Simulation errechneten Scherrate mit dem gemessenen Oberflächenwiderstand zeigt sich eine lineare Abhängigkeit. Mit Anstieg der Scherrate steigt der Oberflächenwiderstand linear an, Abbildung 41.

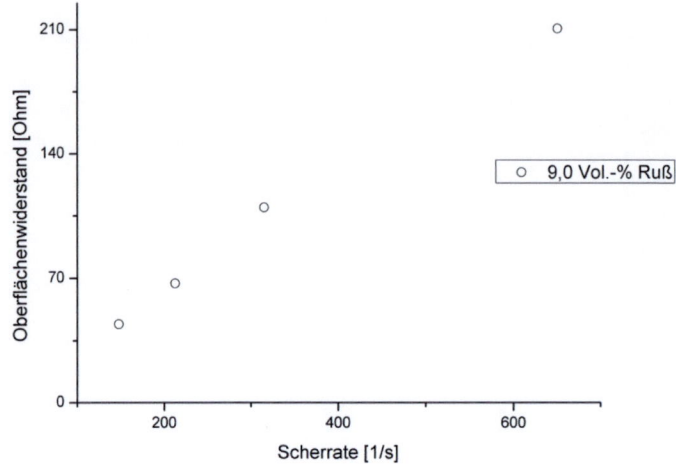

Abbildung 41:Gemessene Oberflächenwiderstände in Korrelation zur berechneten Scherrate

Auch die Testgeometrie mit verengtem Querschnitt zeigt den Zusammenhang zwischen Schergeschwindigkeit und elektrischem Oberflächenwiderstand, Abbildung 42.

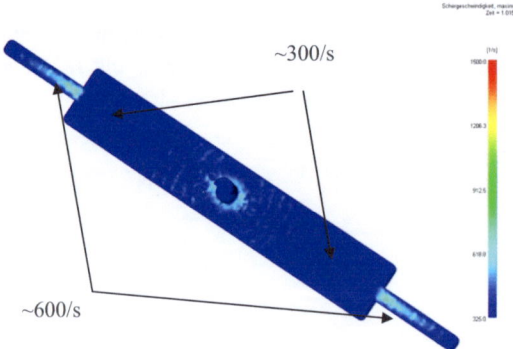

Abbildung 42: Simulation der maximal auftretenden Scherrate beim Füllen der Testgeometrie

In dem verengten Bereich ergibt sich mit Scherraten von 600/s ein fast doppelt so hoher Wert wie in den breiten Bereichen, in denen eine Scherrate von etwa 300/s berechnet wird. Vergleicht man diese Werte mit dem in Abbildung 41 dargestellten Zusammenhang zwischen Scherrate und Oberflächenwiderstand, ist für den breiten Bereich ein Wert von ca. 95 Ω und für den verengten Bereich von ca. 200 Ω zu erwarten. Die tatsächlich gemessenen Werte liegen damit, wie in Abbildung 43 dargestellt, im Bereich der zuvor berechneten Werte.

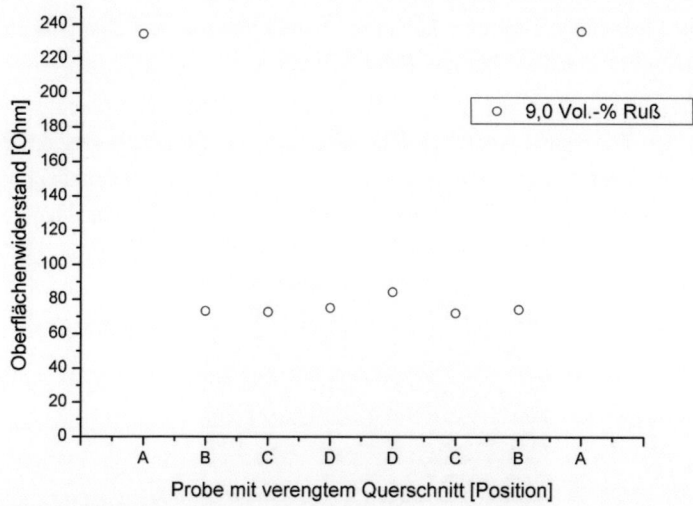

Abbildung 43: Oberflächenwiderstand der Düsengeometrie mit deutlichem Anstieg des Widerstandes im Bereich hoher Scherraten bei der Simulation

Dass die Scherung beim Spritzgießen zu Entmischungen von Füllstoffen aus dem Randbereich führt, konnte von (Heldele, 2008; Heldele, 2006) anhand von CT-Untersuchungen an pulverspritzgegossenen Bauteilen aufgezeigt werden. Diese Entmischungseffekte werden auch als die Ursache für die höheren Oberflächenwiderstände bei hohen Schereffekten gesehen. Durch das Abwandern von Rußpartikeln von der Bauteiloberfläche ins Bauteilinnere entstehen Oberflächenbereiche mit geringerem Rußanteil und der Oberflächenwiderstand steigt an.

4.5   Galvanische Beschichtung von Spritzgussbauteilen

Neben den Unterschieden des elektrischen Widerstandes an der Oberfläche der Bauteile wurde in den im Stand der Forschung dargelegten Untersuchungen eine abnehmende Abscheidung von Nickel vom Kontaktierungspunkt aus beobachtet (Finnah, 2005). Um die Aussage zu untersuchen, die Ursache für das Phänomen läge in der Inhomogenität der Leitfähigkeit durch das Spritzgießen des Bauteils, wurden Untersuchungen an einer mit leitfähigem Lack beschichteten Folie - ORMECON® 6415-138-000 - mit vergleichbarem Oberflächenwiderstand durchgeführt. Durch die Beschichtung der Lackschicht wird eine homogene Leitfähigkeit an der Oberfläche erzeugt, und ein Einfluss durch das Spritzgießen scheidet aus.

Die Vierpunktmessung auf der Oberfläche dieser Folien zeigt einen homogenen elektrischen Widerstand von 40 Ω. Die Folie wird von einer Seite kontaktiert und 5 Minuten galvanisch beschichtet. Es zeigt sich bei diesem Versuchsaufbau eine Abnahme der Abscheidung bei Entfernung zur Kontaktierung, Abbildung 44.

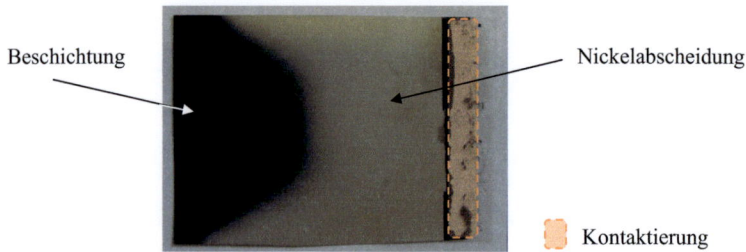

Abbildung 44: Folie mit leitfähiger Beschichtung (40 Ω) nach Galvanikabscheidung bei einer angelegten Spannung von 2,55V - 5 min abgeschieden, von rechts kontaktiert

Die Ursache dieses „Fehlers" entsteht damit nicht durch eine Materialveränderung während des Spritzgießens, sondern durch die physikalischen Zusammenhänge während der Galvanoformung. Das Ohmsche Gesetz besagt, dass die Stromstärke proportional zur Spannung ist (Weber 2007):

$$U = R \cdot I$$

U = Spannung
R = Widerstand
I = Stromstärke

Bei der Galvanoformung wird eine konstante Spannung von 2,55V angelegt. Der Widerstand ändert sich bei der beschichteten Folie mit zunehmender Entfernung zur Kontaktierung und kann ortsabhängig folgendermaßen errechnet werden:

$$R = \rho \cdot \frac{l}{A}$$

ρ = spezifischer Widerstand
l   = Länge des Leiters
A   = Querschnitt des Leiters

Der Widerstand nimmt mit zunehmender Entfernung zur Kontaktierungsstelle zu und somit nimmt die Stromstärke in diesem Bereich ab. Das führt zur Abnahme der Stromdichtelinien mit Entfernung zur Kontaktierungsstelle. Damit reduziert sich auch die Abscheidegeschwindigkeit und ab einer Entfernung zur Kontaktierungsstelle, die zu einem Widerstand > 50 Ω führt, findet erfahrungsgemäß keine Abscheidung mehr statt. Deshalb muss darauf geachtet werden, wie die Bauteile kontaktiert werden. Die Kontaktierung der Proben muss damit auch auf die zu füllenden Mikrokavitäten abgestimmt werden.

Die Ergebnisse der Abscheidung von Nickel auf spritzgegossenen Probekörpern aus dem mit 9,0 Vol.-% Ruß gefüllten Material zeigt Abbildung 45.

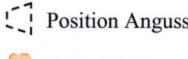 Position Anguss

Kontaktierung

Abbildung 45: Probekörper aus mit 9,0 Vol.-% Ruß gefülltem Material nach Galvanikabscheidung bei einer angelegten Spannung von 2,55V - 10 min abgeschieden

Nach zehn Minuten Abscheidung auf den abgeformten Bauteilen zeigt sich trotz Kontaktierung von nur einer Seite des Bauteils eine homogene Abscheidung der Nickelschicht. Damit kann gezeigt werden, dass eine homogene Abscheidung auf spritzgegossenen Bauteilen auch ohne Nachbehandlung der Oberfläche erfolgen kann. Es

können aus diesem mit 9,0 Vol.-% Ruß gefüllten Compound somit erfolgreich Bauteile für den MSG-Prozess hergestellt werden. Durch Füllstoffe, die die Viskosität
herabsetzen, kann bei Bedarf die Spritzgießfähigkeit des mit 9,0 Vol.-% Ruß gefüllten
Compounds verbessert werden. Für das Ziel, ein wirtschaftliches Verfahren zur Fertigung von Mikrobauteilen zu entwickeln, ist es jedoch wichtig, bestehende Prozesse
und kommerziell erhältliche Materialien nutzen zu können. Um die gesonderte Herstellung von leitfähigen Compounds für den MSG-Prozess zu vermeiden, wird im
Folgenden untersucht, wie die erarbeiteten Erkenntnisse bezüglich der Änderung des
elektrischen Widerstandes bei der Abformung von rußgefülltem Material dazu genutzt
werden können, das kommerziell erhältliche Vestamid LR1-MHI mit homogenem
Oberflächenwiderstand abzuformen.

4.6   Transfer der Untersuchungsergebnisse

Die bei der Abformung von Vestamid LR1-MHI bisher auftretenden Probleme bezüglich der Leitfähigkeitseigenschaften der Bauteile führte dazu, dass nicht alle Mikrokavitäten bei der Galvanoformung gefüllt wurden. Durch Untersuchung von plattenförmigen Bauteilen, hergestellt im Heißkanalwerkzeug, konnte ein Bereich ausge-
macht werden, der für die Galvanoformung keine ausreichende Leitfähigkeit erreicht,
Abbildung 46.

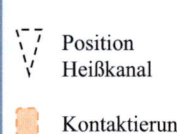   Position
Heißkanal

Kontaktierung

Abbildung 46: Probekörper aus Vestamid LR1-MHI nach Galvanikabscheidung bei einer angelegten Spannung von 2,55V - 10 min abgeschieden von zwei Seiten kontaktiert, mit
ausbleibender Abscheidung im Bereich der Heißkanalanbindung

Bislang wurden diese Beobachtungen weder eindeutig beschrieben noch eingehend untersucht, da oftmals gerade der angussnahe Bereich bei der Analyse nicht beachtet wurde. Es zeigte sich bislang nur ein Einfluss der Einspritzgeschwindigkeit auf die Höhe des Oberflächenwiderstandes (Finnah, 2005).

Um einen Überblick über den Einfluss der Einspritzgeschwindigkeit auf den elektrischen Widerstand zu erhalten, werden Bauteile mit 1, 2, 3, 5, 10, 15, 20, 25, 30, 35, 40, 45, 50, 55, 60, 70, 80, 90, 150, 250 und 500 mm/s Schneckenvorschubgeschwindigkeit abgeformt und die Leitfähigkeit der einzelnen Bauteile mittels Vierpunktmessmethode bestimmt. Um auch die Widerstandsverteilung eingehender zu untersuchen, werden die Bauteile in 56 Quadranten aufgeteilt und jeweils für den Quadranten der Oberflächenwiderstand gemessen, Abbildung 47 und 48.

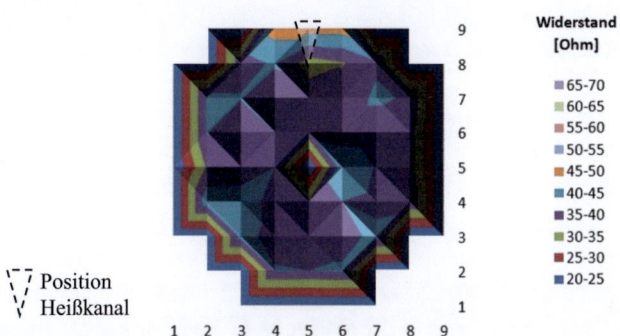

Abbildung 47: Oberflächenwiderstandsverteilung auf Bauteilen, abgeformt aus Vestamid LR1-MHI mit einer Schneckenvorschubgeschwindigkeit von 1 mm/s

Die Messergebnisse machen deutlich, dass mit Anstieg der Einspritzgeschwindigkeit zwar in Teilen des Bauteils der Widerstand sinkt, dass gleichzeitig aber auch die Inhomogenität des elektrischen Widerstandes an der Oberfläche zunimmt. Vergleicht man beispielsweise die Widerstandsverteilung von Bauteilen, die mit 1 mm/s hergestellt wurden, Abbildung 47, mit Bauteilen, die mit 50 mm/s hergestellt wurden, Abbildung 48, ist sehr deutlich ein Anstieg des Widerstandes im angussnahen Bereich erkennbar. Gleichzeitig zeigt sich jedoch auch eine Verringerung des Widerstandes an der Oberfläche der Bauteile.

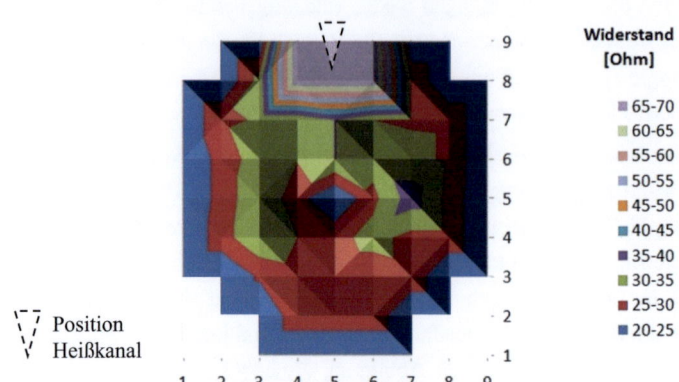

Abbildung 48: Oberflächenwiderstandsverteilung auf Bauteilen, abgeformt aus Vestamid LR1-MHI mit einer Schneckenvorschubgeschwindigkeit von 50 mm/s

Durch eine Zusammenführung der Messwerte in vier definierte Bereiche auf der Oberfläche der Bauteile wird dieser Effekt noch deutlicher. Die Bauteile werden dazu in einen Bereich „angussnah", „angussfern" und im mittleren Bereich in eine „rechte" und eine „linke" Seite aufgeteilt, Abbildung 49. „Angussnah" zeigt sich zuerst ein Bereich mit moderatem Oberflächenwiderstand. Ab einer Schneckenvorschub-geschwindigkeit von 2 mm/s nimmt der Widerstand jedoch zu und ab 10 mm/s ist keine Messung der Widerstandswerte mit Hilfe der gewählten Vierpunktmessmethode mehr möglich, das heißt, der Widerstand liegt über 500 Ω. In den Bereichen „rechte Seite", „linke Seite" und „angussfern" erhält man zuerst auch einen moderaten Ober-flächenwiderstand. Mit steigender Einspritzgeschwindigkeit verbessert sich dieser Wert jedoch, bis zu einer Schneckenvorschubgeschwindigkeit von 25 mm/s. Bei einer weiteren Erhöhung der Schneckenvorschubgeschwindigkeit werden keine charakteris-tisch niedrigeren Widerstandswerte mehr erreicht, Abbildung 49.

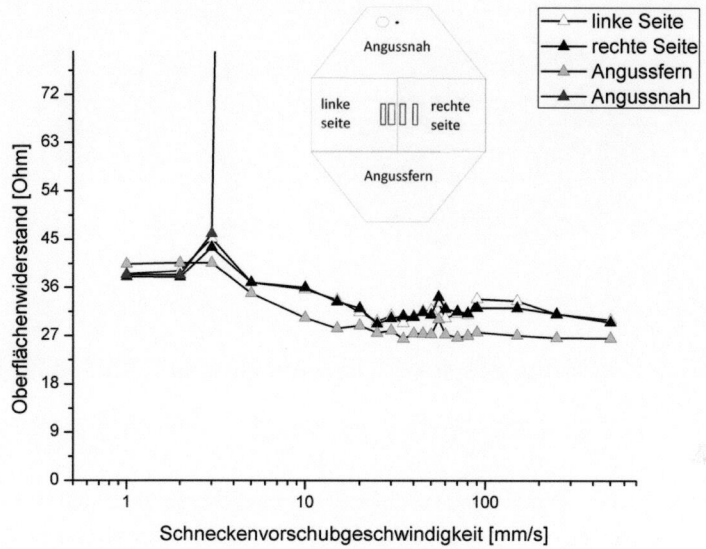

Abbildung 49: Oberflächenwiderstandsverteilung der Vestamid LR1-MHI Bauteile in Abhängigkeit der Schneckenvorschubgeschwindigkeit an definierten Positionen auf dem
Bauteil

Bezieht man sich auf die Erkenntnisse, die mit dem selbst erstellten Compound ge-
wonnen werden konnten, muss man davon ausgehen, dass durch die steigende Einspritzgeschwindigkeit angussnah ein Bereich mit großer Scherrate entsteht, und dass
der Ruß im kommerziell erhältlichen Material nicht perfekt dispergiert ist. Um diesen
Anstieg der Scherrate zu verdeutlichen, wurde die Formfüllung mit der Einspritzgeschwindigkeit von 2 mm/s und mit 55 mm/s simuliert, da hier deutliche Unterschiede
des Oberflächenwiderstandes an der Oberfläche auftreten.

Bei Betrachtung der sich ergebenen Werte zeigt sich angussnah bei einer Einspritzgeschwindigkeit von 2 mm/s eine maximal auftretende Scherrate von etwa 576/s, Abbildung 50.

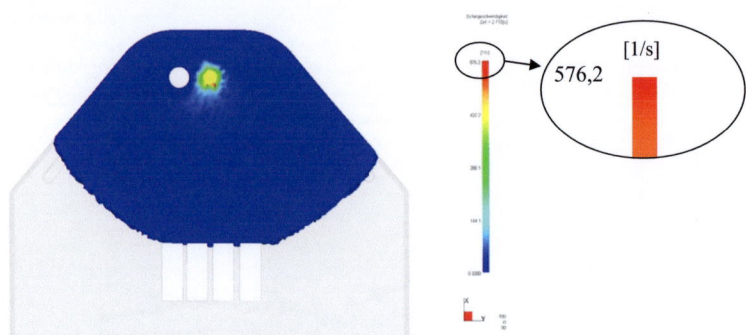

Abbildung 50: Simulation des Scherprofils im Angussbereich bei 2 mm/s Einspritzgeschwindigkeit

Simuliert man die Formfüllung bei einer Einspritzgeschwindigkeit von 55 mm/s kann
man einen deutlichen Anstieg der errechneten Scherrate feststellen, Abbildung 51.

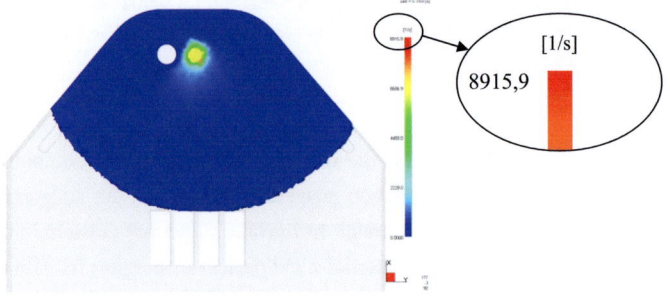

Abbildung 51: Simulation des Scherprofils im Angussbereich bei 55 mm/s Einspritzgeschwindigkeit

Bei dieser Einspritzgeschwindigkeit erreicht die maximale Scherrate einen rechneri-
schen Wert von etwa 8916/s und damit einen Wert, der etwa 15-mal höher liegt als
der bei Abformung mit geringerer Einspritzgeschwindigkeit. Es liegt damit nahe, dass
dieser Anstieg der Scherrate zu dem Bereich mit hohem Oberflächenwiderstand im
angussnahen Bereich führt.

Bei der optischen Untersuchung einer Füllstudie ist angussnah bei den Bauteilen mit hoher Scherrate ein glänzender Bereich zu sehen. Dieser Bereich verändert sich über die weitere Füllung der Bauteile nicht und auch bei den komplett gefüllten Bauteilen mit Nachdruck sind diese Oberflächendefekte sichtbar. In diesem glänzenden Bereich wird ein Oberflächenwiderstand >> 500 Ω gemessen. In dem Bereich, der in Abbildung 52 dunkel erscheint, wird dagegen ein Oberflächenwiderstand von ~30 Ω gemessen.

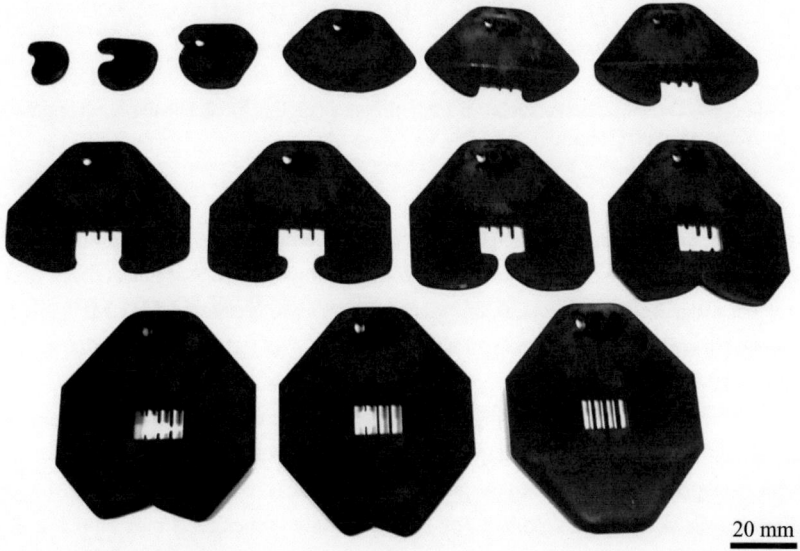

20 mm

Abbildung 52: Füllstudie der ersten Komponente Vestamid LR1-MHI bei Abformung mit einer konstanten Einspritzgeschwindigkeit von 50 mm/s

Bei Abformung derselben Form, mit, wie in der Simulation zuvor berechnet, niedriger Einspritzgeschwindigkeit, zeigt sich dieser glänzende Bereich im Angussbereich nicht.

Die Galvanikstartversuche an diesen in der Füllstudie hergestellten Bauteilen zeigen, dass die Probleme der Leitfähigkeit im angussnahen Bereich, im direkten Zusammenhang zu dem glänzenden Bereich stehen, vgl. Abbildung 52 und 53.

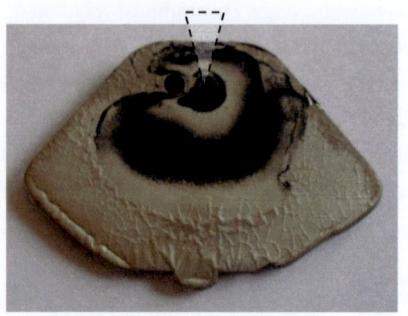

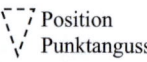
Position
Punktanguss

Abbildung 53: Galvanikstartversuche an 1/5 gefüllten Bauteilen links: konstante Einspritzgeschwindigkeit (55 mm/s)

Die durchgeführten Analysen zeigen auf, dass eine erhöhte Einspritzgeschwindigkeit bei der Verwendung eines Heißkanals zu Entmischungen führt. Auf der anderen Seite steigt der Oberflächenwiderstand an, wenn Material wie Vestamid LR1 MHI mit zu geringen Einspritzgeschwindigkeiten abgeformt wird. Um jedoch beide konträren Anforderungen in einem Abformprozess zu realisieren, werden die folgenden Versuche mit variablen Einspritzgeschwindigkeiten durchgeführt, d.h. die Einspritzgeschwindigkeit wird während eines Spritzgießzyklus variiert. Durch Verwendung dieses gestuften Einspritzprofils wird im Angussbereich die Scherwirkung reduziert. Mit gestuften Einspritzgeschwindigkeiten von 3 mm/s (Materialmenge: 3 mm³) auf 8 mm/s während des Einspitzvorgangs werden sehr homogene elektrische Oberflächenwiderstände und damit auch homogene Abscheideraten bei der Galvanoformung erreicht, Abbildung 54.

Position
Punktanguss

Abbildung 54: Galvanikstartversuche an 1/5 gefüllten Bauteilen mit gestufter Einspritzgeschwindigkeit (3 mm/s – 8 mm/s)

Auch bei komplett gefüllten Bauteilen zeigt sich, dass die gestufte Einspritzgeschwindigkeit zu homogenen Widerständen der Bauteile führt.

Durch weitere Optimierung der Parameterwerte im Prozess wurde eine gestufte Einspritzgeschwindigkeit von 1 mm/s (3 mm³) → 30 mm/s bestimmt. Die mit diesen erarbeiteten Einstellungen abgeformten Bauteile zeigen bei der Galvanoformung sehr gute Ergebnisse, wie Abbildung 55 verdeutlicht.

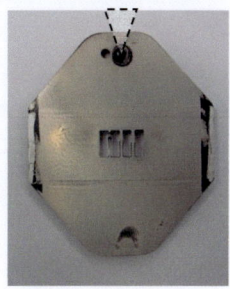 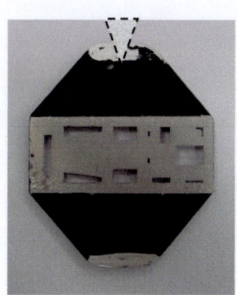

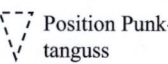 Position Punktanguss

Abbildung 55: Galvanikstartversuche an komplett gefüllten Bauteilen mit unterschiedlichen Geometrien

Anhand der vorgestellten Arbeiten wird gezeigt, dass die Scherung einen großen Einfluss auf die Bauteile hat und dass es prinzipiell möglich ist, durch die Simulation der Formfüllung das lokale Scherprofil zu errechnen und dadurch im Voraus Aussagen über die Leitfähigkeitsverteilung auf der Bauteiloberfläche zu treffen. Um schlechte Leitfähigkeiten an der Oberfläche im Angussbereich zu vermeiden, muss ein gestuftes Einspritzprofil verwendet werden.

4.7 Resümee der Abscheideuntersuchungen

Die im Stand der Forschung oft zitierte Ursache für die schlechte Leitfähigkeit, die Ausrichtung der Füllstoffe (Gilg, 1979; Gilg, 2002), kann durch die hier vorgestellten Untersuchungen nicht bekräftigt werden. Auch der in der Literatur beschriebenen Unterbrechung der Leitfähigkeit durch eine unter der Oberfläche liegende Schicht (Finnah, 2005) muss an dieser Stelle widersprochen werden. Vielmehr führt die scherinduzierte Entmischung direkt an der Oberfläche zu einem Bereich mit schlechter Leitfähigkeit.

Aus den bisherigen Untersuchungen können damit folgende Schlussfolgerungen getroffen werden:

- Bei der Verarbeitung von rußgefüllten Materialien hat die Einspritzgeschwindigkeit einen großen Einfluss auf den Oberflächenwiderstand. Durch gezielte Wahl der Einspritzgeschwindigkeiten kann auch der elektrische Oberflächenwiderstand der Bauteile gesenkt werden.

- Die Schergeschwindigkeit an der Oberfläche während der Füllphase hat einen entscheidenden Einfluss auf die Perkolation an der Oberfläche und damit auf den Oberflächenwiderstand. Steigt die Scherrate, steigt auch der Widerstand.

Bei der Abformung von leitfähigen Kunststoffteilen müssen hohe Scherraten vermieden werden. In zukünftigen Planungen muss deshalb darauf geachtet werden, dass die Scherung an der Oberfläche entweder durch Angussgestaltung oder durch ein gestuftes Einspritzprofil gering gehalten wird. An der Oberfläche muss ein homogenes Scherprofil eingestellt werden, um auch einen homogen verteilten elektrischen Widerstand an der Oberfläche zu erhalten.

5 Minimierung der Spaltbildung beim Zweikomponentenspritzgießen

Die Abformung spaltfreier Zweikomponentenbauteile ist der nächste wichtige Schritt für die Herstellung von metallischen Mikrobauteilen über den MSG-Prozess. Um dieses Ziel zu erreichen, muss zwischen der ersten und der zweiten Kunststoffkomponente ein fester Verbund gewährleistet sein, der die Unterplattierung bei der Galvanoformung verhindert. Vorab wurden dazu Materialpartner bestimmt, an denen Zugversuche durchgeführt werden. Zusätzlich wird eine neue Methode angewandt, mit der eine Analyse der Spaltbildung und damit der Zweikomponentenbauteile für den MSG-Prozess möglich wird. Im zweiten Teil des Kapitels erfolgt die Anwendung der statistischen Versuchsplanung, um die optimalen Parameter für das Zweikomponentenspritzgießen zu bestimmen.

5.1 Auswahl der Materialpaarung

In den Vorarbeiten von (Finnah et al., 2002) wurde Polyoxymethylen (POM) als beste zweite Komponente für die Galvanoformung bestimmt, weshalb dieses Polymer auch in der folgenden Parameterauswahl als zweite Komponente in Betracht gezogen wird. Zusätzlich werden, um auch amorphe Kunststoffe ausreichend zu testen, Versuche mit Polystyrol durchgeführt.

Da es sich bei der ersten Komponente um ein mit leitfähigem Ruß gefülltes Polyamid 12 handelt, wird als Verbundpartner ein rußgefülltes Polyamid 12 ausgewählt, das keine Leitfähigkeitseigenschaften aufweist. Um den Einfluss der Füllstoffe zu untersuchen, wird als weiterer zu untersuchender Verbindungspartner auch ein ungefülltes Polyamid 12 ausgewählt.

Die Auswahl einer geeigneten Werkstoffpaarung wird mit Hilfe von Zweikomponenten-Zugstäben durchgeführt.

5.2   Ergebnisse der Materialauswahl

Die Untersuchungen zeigen, dass mit Polystyrol als zweiter Komponente keine Verbindung mit dem vorgegebenen, leitfähigen Vestamid LR1-MHI ausgebildet werden kann. Selbst umfangreiche Veränderungen der Prozessparameter konnten keine messbare Verbesserung der Verbundfestigkeit erzielen. Auch bei Polymethylmethacrylat als Bindungspartner löst sich der Verbund schon beim Entformen oder lässt sich durch leichtes Ziehen lösen.

Es bleibt daher nur der Vergleich zwischen dem mit Ruß gefüllten PA12 und dem ungefüllten PA12. Die Zugstabgeometrien wurden anschließend mit Hilfe von Zugprüfungen auf ihre Festigkeit hin untersucht. Dazu wurde eine Universal-Zugprüfmaschine des Typs 1474 der Fa. Zwick GmbH & Co. KG, Ulm verwendet. Alle Zugversuche wurden mit einer konstanten Geschwindigkeit von 10 mm/min durchgeführt. Die Messergebnisse der Zugprüfversuche wurden in Form von Kraft-Weg-Diagrammen festgehalten, Abbildung 56.

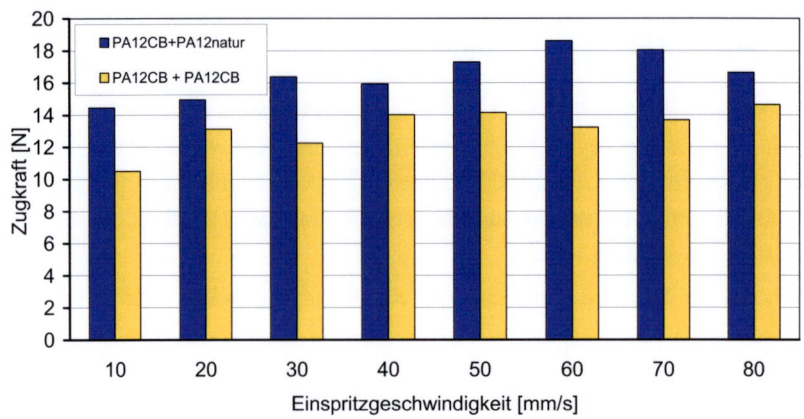

Abbildung 56: Ergebnisse der Zugprobenuntersuchung an 1:4 Campus Zugstäbe mit einem Prüfquerschnitt von 2,5 mm²

Die Untersuchungen zeigen, dass die Kombination aus gefülltem und ungefülltem Material einen besseren Verbund erzielt als die Kombination aus den beiden gefüllten Materialien. Durch die Füllstoffe fällt die Anzahl der Valenzbindungen zwischen den beiden Polymeren pro Volumeneinheit geringer aus. Damit ergibt sich auch eine schlechtere Verbindung der Materialien. Für die weiteren Untersuchungen wird deshalb das Vestamid LR1-MHI als erste Komponente und Vestamid L 1670 natur als zweite Komponente weiter untersucht.

5.3 Methode zur Untersuchung der Spaltbildung mittels Röntgenkontrast

Der Spalt zwischen der ersten und zweiten Komponente der Zweikomponentenformen für die galvanische Replikation, Abbildung 57, wird, wie in Kapitel 2.1.3 erläutert, maßgeblich durch die Entstehungsbedingungen beim Spritzgießen und die jeweiligen material- und verfahrensspezifischen Einflüsse bestimmt. Nach derzeitigem Stand der Forschung sind die Haftungsmechanismen nicht berechenbar. Jede Material- und Parameteränderung kann dabei zu einer Änderung der Spaltgröße führen.

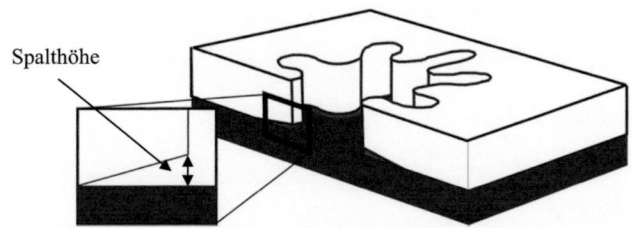

Abbildung 57: Skizzierte Darstellung der Spaltgröße der Zweikomponentenform nach dem Entformen der Mikrostruktur

Hinzu kommt, dass die Mikrostrukturen durch Aufschwinden der zweiten Komponente eingeklemmt werden. Beim Entformen wirkt dadurch auf die Bindenaht eine große Kraft. Weder die auftretende Kraft noch die daraus resultierende Spaltbildung lassen sich aktuell berechnen.

Um die Vorformen trotzdem sehr prozessnah analysieren zu können, wird eine neue Methode entwickelt, die auch im späteren Prozess für die Qualitätskontrolle angewandt werden kann. Diese Methode ist auch Grundlage für die Versuche mit der statistischen Versuchsplanung, bei der als einzige Zielgröße die Spaltfläche gewählt wird.

5.3.1 Bestimmung der Spaltfläche

Die Spaltgröße kann nicht direkt am Zweikomponentenbauteil bestimmt werden. Durch Schliffbilder oder Untersuchungen mittels optischer Analysen ist es nicht möglich, den Spalt zwischen der ersten und der zweiten Komponente fehlerfrei zu charakterisieren. Auch das Durchtrennen der Bauteile führt zu einer nicht abschätzbaren Belastung des Spaltes, was wiederum zu einer Vergrößerung des Spaltes führen kann. Dadurch fällt dieses Verfahren als Lösungsmöglichkeit zur Bestimmung der Spaltfläche aus. Deshalb wird eine neue Untersuchungsmethode für diese Zweikomponentenbauteile erarbeitet und erfolgreich getestet. Dazu wird in die Mikrostrukturen des Zweikomponentenbauteils zuerst galvanisch eine metallische Schicht abgeschieden. Die unterschiedliche Werkstoffabsorption dieses Dreikomponentenbauteils bei Röntgenbestrahlung wird daraufhin genutzt, um mit Hilfe eines Röntgenschattens eine Zielgröße für die statistische Versuchsplanung zu erhalten, Abbildung 58.

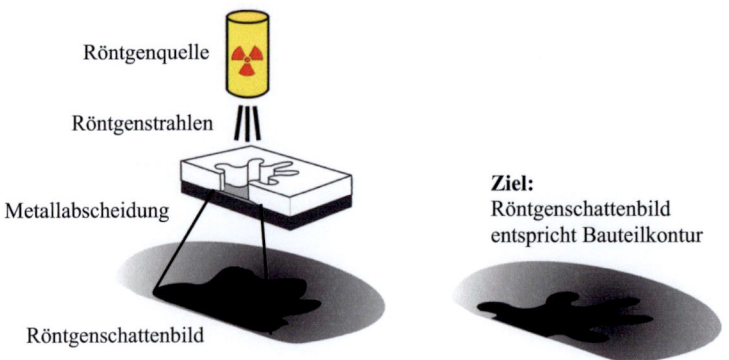

Abbildung 58: Prinzipdarstellung der Röntgenschattenuntersuchung, die zur Zielgröße – Spaltfläche führt

Das Verfahren beruht auf dem Prinzip, dass hohe Werkstoffdichten die Absorption von Röntgenstrahlung steigern. Dadurch kommt bei Verwendung von Materialien mit unterschiedlicher Werkstoffabsorption bei demjenigen Material mit der höheren Werkstoffabsorption weniger Strahlung auf dem Detektor an.

Prinzipiell lässt sich die Absorption mit dem Lambert-Beer´schen Gesetz beschreiben (Grellmann und Seidler 2005)

$$I = I_0 \cdot e^{-\alpha_a \cdot d} \ mit \ \alpha_a \sim \rho \cdot \Delta^3 \cdot Z^3$$

I_0, I = Intensität vor bzw. hinter dem Prüfobjekt
d = Strahlweg im Prüfobjekt
ρ = Dichte
Δ = Wellenlänge
Z = Ordnungszahl

Dabei bestehen eine exponentielle Abhängigkeit zwischen Strahlintensität am Ende des Prüfobjektes und dem Absorptionskoeffizienten und der Dicke des verwendeten Materials. Der Absorptionskoeffizient ist wiederum proportional zur Dichte, zur Wellenlänge und zur Ordnungszahl.

Tabelle 3: Ordnungszahl und Dichte der verwendeten Materialien

Element	Ordnungszahl	Dichte [g/cm³]	Dicke [mm]
C (Kunststoff)	6	1,1	2
Ni	28	8,91	0,008

Wie aus Tabelle 3 deutlich wird, bestehen Polymere im Gegensatz zu Metallen aus Elementen mit niedrigen Ordnungszahlen und absorbieren deshalb die Röntgenstrahlung viel geringer als Metalle (z.B. Nickel). Deshalb lassen sich metallische Einschlüsse sehr gut in Polymerwerkstoffen erkennen.

Die Untersuchung wurde an einer Micro-Focus X-Ray-Anlage der Firma YXLON International X-Ray GmbH durchgeführt. Diese Anlage arbeitet mit einem Brennfleckdurchmesser von etwa 10 μm. Der Vorteil dieser Anlage liegt darin, dass die Fehlererkennbarkeit und damit die Zuverlässigkeit der Ergebnisse gegenüber konventionellen Röntgenanlagen beträchtlich gesteigert wurden. Außerdem kann dadurch die Probe nahe vor die Röntgenquelle platziert werden, um das Röntgenschattenbild zu vergrößern. Dadurch kann die Fläche des Röntgenschattenbildes besser detektiert werden. Das Funktionsprinzip einer solchen Anlage ist in Abbildung 59 dargestellt.

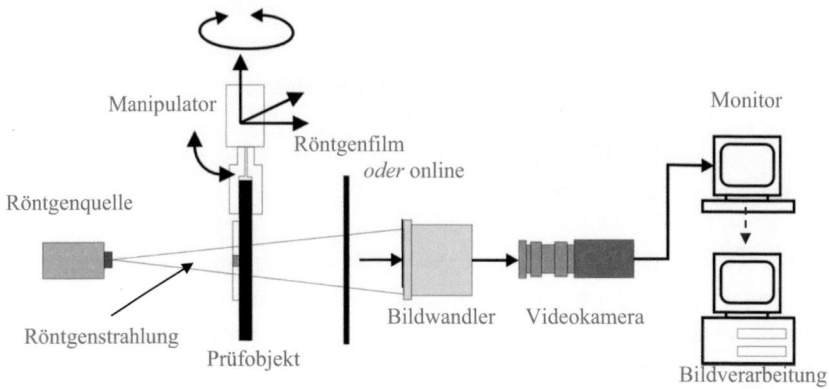

Abbildung 59: Aufbau einer Mikrofokus-Röntgenanlage [nach (Rippel und Holtmann 2009)]

Links befindet sich die Röntgenquelle mit ihrer charakteristischen Strahlung. Direkt danach wird das Prüfobjekt angeordnet, beim MSG-Prozess ist dies das Zweikomponentenbauteil mit Galvanikschicht. Für eine dreidimensionale Untersuchung der Probe kann das Bauteil gedreht werden, was zur Bestimmung der gewünschten Zielgröße jedoch nicht notwendig ist. Der teilweise absorbierte Röntgenstrahl trifft dann auf den Bildwandler, wird über eine Videokamera aufgenommen und steht für die weitere Bildverarbeitung zur Verfügung.

Damit kann die Spaltfläche sehr genau bestimmt werden und dient somit als Zielgröße für die statistische Versuchsplanung.

5.3.2 Bestimmung der Einflussgrößen

Im Stand der Forschung wurde gezeigt, dass den Prozesstemperaturen der größte Einfluss auf die Verbundfestigkeit zugeschrieben wird (Kühnert 2005). Beim Spritzgießen ist sowohl die Massetemperatur als auch die Werkzeugwandtemperatur als Prozessgröße einzustellen. Mit Massetemperatur ist diejenige Temperatur gemeint, die der Messfühler an der Düse des Schneckenzylinders des elektrisch isolierenden Materials beim Eintritt in den Angusskanal misst. Zur Vereinfachung muss an dieser Stelle davon ausgegangen werden, dass sich die Temperatur der Werkzeugwand auf die

Bauteiloberfläche übertragen wird. Deshalb kann man in diesem Zusammenhang auch von der Entformungstemperatur der ersten Komponente sprechen.

Eine weitere entscheidende Größe ist die Einspritzgeschwindigkeit, welche die Vorschubgeschwindigkeit der Schnecke im Schneckenzylinder beim Einspritzvorgang bezeichnet.

Ist die Kavität ausreichend gefüllt, schaltet die Spritzgießmaschine auf den Nachdruck um. Dieser hält den Druck im Bauteil solange aufrecht bis die Schmelze vollständig erstarrt ist. Dadurch wird der Volumenschwindung, die zur Spaltbildung führen kann, entgegengewirkt. Auch die Nachdruckzeit hat auf die Schwindung einen großen Einfluss (Zöllner 2000). Damit sind die wichtigsten Einstellparameter genannt.

Zusammengefasst ist der Versuchsplan aus den folgenden Einflussfaktoren aufgebaut:

- Massetemperatur
- Einspritzgeschwindigkeit der zweiten Komponente
- Nachdruckzeit
- Entformungstemperatur der ersten Komponente
- Nachdruck

Nach der Auswahl der Einflussgrößen ist die Bestimmung der Prozessgrößen der nächste Schritt zur Vorbereitung für die statistische Versuchsplanung.

5.3.3 Bestimmung der Prozessgrößen

Bevor die Untersuchung startet, müssen für die fünf ausgewählten Prozessparameter die Einstellgrößen bestimmt werden.

Da ein ständiges Aufheizen und Abkühlen der Formmasse und auch der Formwandtemperatur viel Prozesszeit beansprucht und zusätzlich weitere Störgrößen wie Beispielsweiße Materialveränderungen im Zylinder, aber auch sich ändernde Temperaturen einbringt, werden die Prozesstemperaturen nicht statistisch verteilt, sondern als Block in den Versuchsplan aufgenommen. Dadurch können die resultierenden Fehler bei ständiger Temperaturveränderung minimiert werden. Für jede Prozessgröße muss ein oberer und ein unterer Parameterwert ausgewählt werden. Der untere Wert wird dabei im Versuchsplan als „-1" gekennzeichnet, der obere als „+1". Als „0" bezeichnet man beim Zentralpunktversuch den Mittelwert aus oberer und unterer Parametereinstellung.

Für die Versuchsdurchführung haben sich bei der Untersuchung von ungefülltem PA 12 folgende Werte ergeben:

A: Massetemperatur

Die Verarbeitungstemperatur der elektrisch nicht-leitenden Komponente liegt laut Herstellerangaben zwischen 180-220°C. Die Massetemperaturen haben positiven Einfluss auf die Güte einer Bindenaht. Demnach sollte man also hohe aber dennoch unterschiedliche Temperaturen wählen. Als obere Stufe wird die nach Herstellerangabe höchste zulässige Temperatur von 220°C gewählt und für das Einflussdiagramm eine sinnvoll darunter liegende Temperatur von 205°C. Der Parameter für den Zentralpunktversuch ergibt sich aus dem (abgerundeten) arithmetischen Mittel der gewählten Werte.

Tabelle 4: A - Massetemperatur

A (-1)	205° C
A (0)	212° C
A (+1)	220° C

B: Einspritzgeschwindigkeit

Untersuchungen bei Geschwindigkeiten oberhalb von 70 mm/s haben gezeigt, dass die Kavität dem Einspritzdruck nicht mehr standhält und daher „Schwimmhäute" entstehen. Auch durch Erhöhung des Werkzeugschließdruckes würden sich Überspritzungen nicht vermeiden lassen, da die Substratplatte Teil der Kavität ist und deren Formstabilität maßgebend für Überspritzungen ist.

Aus diesem Grund wird als obere Stufe 70 mm/s festgelegt. Als untere Stufe wird 40 mm/s gewählt.

Tabelle 5: B - Einspritzgeschwindigkeit

B (-1)	40 mm/s
B (0)	55 mm/s
B (+1)	70 mm/s

C: Nachdruckzeit

Die Nachdruckwerte werden durch Simulation des Einspritzvorgangs mit MOLD-FLOW bestimmt. Es zeigt sich, dass nach 5 s ca. 50% und nach 15 s nahezu die ganze (99%) Formmasse eingefroren ist. Nach spätestens 15 s ist keine weitere Kraftübertragung mehr möglich, was bedeutet, dass der Anguß eingefroren ist. Damit wird als untere Grenze 5 s und als obere Grenze 15 s als Parameterwert festgelegt.

Tabelle 6: C - Nachdruckzeit

C (-1)	5 s
C (0)	10 s
C (+1)	15 s

D: Entformungstemperatur der ersten Komponente

Voruntersuchungen haben ergeben, dass ab einer Werkzeugwandtemperatur von ca. 90-95°C optisch sichtbare, thermische Schäden am Bauteil auftreten. Für die Werkzeugwandtemperatur werden deshalb 80°C als Einstellung für die obere Faktorstufe, für die untere Stufe 60°C gewählt.

Tabelle 7: D - Entformungstemperatur der ersten Komponente

D (-1)	60°C
D (0)	70°C
D (+1)	80°C

E: Nachdruck

Der Nachdruck gleicht die Volumenschwindung beim Abkühlen des Formteils aus und wird durch die Schnecke aufgebracht. Für den Nachdruck werden nach Probeabformungen die folgenden Versuchsparameter festgelegt:

Tabelle 8: E - Nachdruck

E (-1)	250 bar
E (0)	335 bar
E (+1)	420 bar

Damit liegen die Stufenparameter für jeden Faktor der Planmatrix des Versuchsplans fest. Tabelle 9 gibt eine Übersicht über alle Rahmenbedingungen:

Tabelle 9: Zusammengefasste Parametereinstellungen der Einflussfaktoren des statistischen Versuchsplans

Parameter	Einheit	Untere Stufe	Zentralpunkt	Obere Stufe
		[-1]	[0]	[+1]
(A) Massetemperatur	°C	205	212	220
(B) Einspritzgeschwindigkeit	mm/s	40	55	70
(C) Nachdruckzeit	s	5	10	15
(D) Entformungstemperatur 1. Komponente	°C	60	70	80
(E) spezifischer Nachdruck	bar	250	335	420

5.3.4 Bauteilherstellung und Galvanoformung

Für die Versuche wird eine Zweikomponentenspritzgießmaschine des Typs K50 S2F der Firma Ferromatik Milacron, Malterdingen, Baujahr 1994 verwendet. Diese vollhydraulische Spritzgießmaschine hat eine Schließkraft von 50 t. In die Maschine wird das im Stand der Forschung vorgestellte Zweikomponentenwerkzeug eingespannt. Durch eine Sondersteuerung kann das Werkzeug evakuiert[13] werden. Das Bauteil der ersten Komponente wird über eine Indexplatte in die zweite Kavität gedreht. Alle Werkzeugbewegungen werden mittels Endschaltern überwacht und an die Steuerung der Spritzgießmaschine weitergeleitet. Als Bauteil wird ein UV-LIGA-Einsatz verwendet, auf dem 12 Mikrozahnräder angebracht sind, Abbildung 60.

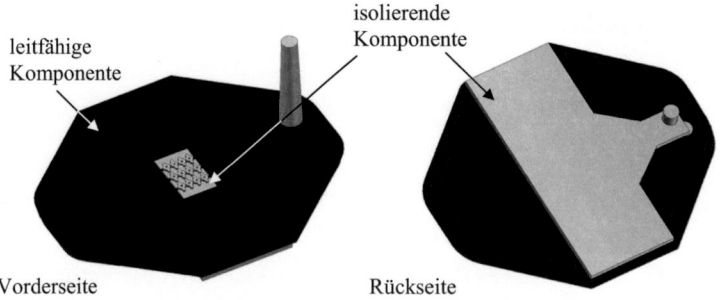

leitfähige Komponente

isolierende Komponente

Vorderseite   Rückseite

Abbildung 60: CAD-Zeichnung des Zweikomponentenbauteils mit 12 Mikrozahnrädern

---

[13] Mikrokavitäten werden beim Mikrospritzgießen evakuiert, um eine Luftkomprimierung zu verhindern, die zu Verbrennungen am Material und damit an dem fertigen Bauteil führen.

Für die erste Komponente werden die in Kapitel 4 erarbeiteten Parameter eingestellt, die in Tabelle 10 zusammengefasst sind:

Tabelle 10: Einstellparameter für die Abformung der ersten, leitfähigen Komponente

Prozessparameter	Komponente
Material	Vestamid LR1-MHI
Einspritztemperatur	233°C
Werkzeugtemperatur	60 bzw. 70, 80 °C
Einspritzgeschwindigkeit	1 mm/s (3 mm³) → 30 mm/s
Nachdruck	250 bar

Durch die statistische Versuchsplanung wird der Fertigungsaufwand auf 350 Teile reduziert. Diese Bauteile werden daraufhin einzeln kontaktiert und jeweils für 45 Minuten im Nickelsulfamatelektrolyten galvanisch beschichtet. Die dabei entstandene 8 μm dicke Nickelschicht ist ausreichend, um Unterschiede bei der Röntgenschattenanalyse zu sehen. Die detektierten Aufnahmen werden anschließend mit Hilfe des Bildanalyseprogramms AnalySIS aufbereitet und die Fläche der entstandenen Röntgenschattenbilder bestimmt. Diese Fläche dient als Zielgröße der statistischen Versuchsplanung.

5.3.5 Ergebnisse der statistischen Versuchsplanung

Die Parametersätze werden in die statistische Versuchssoftware XSel® 10.0 von CRGRAPH (Ronniger 2008) eingepflegt. Nach der Eingabe der Parameter schlägt das Programm eine definierte Prozessabfolge vor.

Bereits bei der Untersuchung der ersten Bauteile wird deutlich, dass die Bauteile, die mit erhöhter Massetemperatur der zweiten Komponente abgeformt wurden, weit bessere Ergebnisse erzielen. Es zeigt sich im Vergleich zu den Bauteilen, die mit niedriger Temperatur abgeformt wurden, eine besser ausgebildete Verbundfläche. Deshalb wird auf weitere Untersuchungen der Bauteile, hergestellt mit der geringeren Massetemperatur, verzichtet.

Um die entstandenen Röntgenschattenbilder der restlichen 17 Parametersätze zu analysieren, müssen die Bilder bearbeitet werden. Durch die starke Vergrößerung bei der
Röntgenaufnahme und den geringen Kontrast der Schatten werden die Bilder mit Hilfe des Softwareprogramms AnalySIS (Olympus 2009) zuerst mit verschiedenen Fil-
tern in ein binäres Bild umgewandelt. Erst dann kann die Spaltfläche beziehungsweise
die Unterplattierung gemessen werden, Abbildung 61.

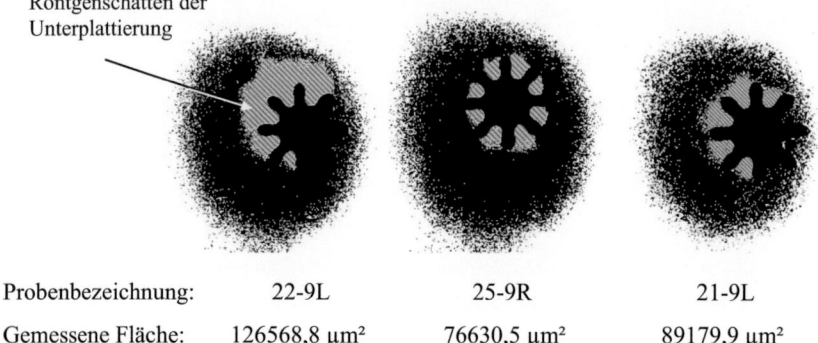

Röntgenschatten der
Unterplattierung

Probenbezeichnung:	22-9L	25-9R	21-9L
Gemessene Fläche:	126568,8 µm²	76630,5 µm²	89179,9 µm²

Abbildung 61: Überarbeitete Röntgenschattenbilder mit Hilfe der Software AnalySIS

Nach der Auswertung der Flächengrößen wird in der statistischen Versuchssoftware
das Ergebnis berechnet. Dabei liefert das DoE-Programm die Parameterzusammen-
hänge und eine Aussage über die optimalen Parametereinstellungen.

Das Ergebnis des statistischen Versuchsplans wird nun anhand von drei Diagrammen
mit verschiedenen Arbeitspunkten diskutiert. Da die Faktoren nicht nur Einfluss auf
die Zielgröße ausüben, sondern sich auch gegenseitig beeinflussen können, ist jedes
Diagramm nur für eine Faktorkombination gültig. In Abbildung 62 werden zuerst die
Ergebnisse der Zentralpunkteinstellungen dargestellt.

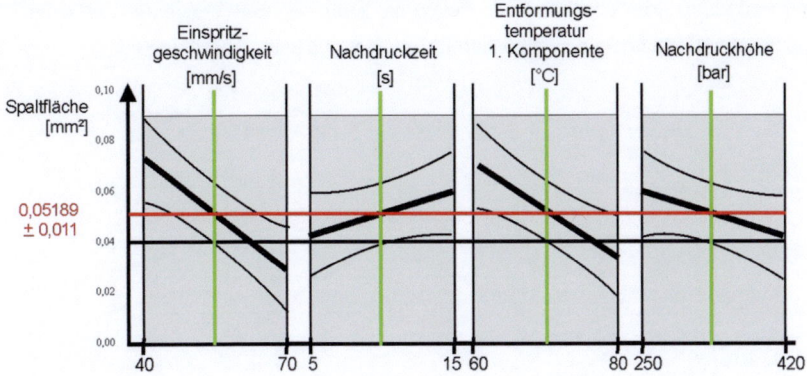

Abbildung 62: Einflussdiagramm der Faktoren auf die Zielgröße im Arbeitspunkt „Zentral-punkt"

Auf der y-Achse sind die Zielgröße Spaltfläche, auf der x-Achse die Einflussfaktoren Einspritzgeschwindigkeit, Nachdruckzeit, Entformungstemperatur der 1. Komponente und die Nachdruckhöhe dargestellt. Die grünen, vertikalen Linien geben die Arbeits-punkte an, für die diese Abbildung gültig ist. Die rote, horizontale Linie zeigt den da-zugehörigen Wert der Zielgröße an.

Der Verlauf der Geraden jeder Einflussgröße gibt an, wie sich eine Änderung der Ein-flussgröße auf den Spalt auswirkt. Hat die Gerade eine positive Steigung, so übt der dazugehörige Faktor in diesem Fall, da ein Minimum der Zielgröße gesucht wird, ei-nen negativen Effekt aus. Analog hätte der Faktor bei negativer Steigung einen positi-ven Effekt. Zwei Kurven schließen immer die Gerade jedes Faktors ein. Sie begrenzen den Streubereich. Je kleiner dieser Bereich ist, desto genauer kann eine Aussage über die Wirkung des Faktors gemacht werden. Die Messergebnisse liegen statistisch gese-hen mit einer Wahrscheinlichkeit von 95% innerhalb dieses Bereiches. Die Geraden können daher nur als Näherung des Einflussverlaufes angesehen werden.

Beim Arbeitspunkt „Zentralpunkt" haben die Faktoren „Einspritzgeschwindigkeit" und „Entformungstemperatur der 1. Komponente" den größten Einfluss. Das geht aus der Steigung der dazu gehörigen Geraden hervor. Je steiler der Verlauf der Geraden, desto höher der Einfluss auf die Zielgröße in diesem Punkt. Das bedeutet, dass mini-male Änderungen des Faktors eine relativ große Änderung der Zielgröße zur Folge haben. Durch Verschieben des Arbeitspunktes verändert man die eingestellten Parameter und somit auch den Wert der Zielgröße. Zum besseren Verständnis wird jetzt der Arbeitspunkt mit dem schlechtesten Ergebnis vorgestellt, Abbildung 63.

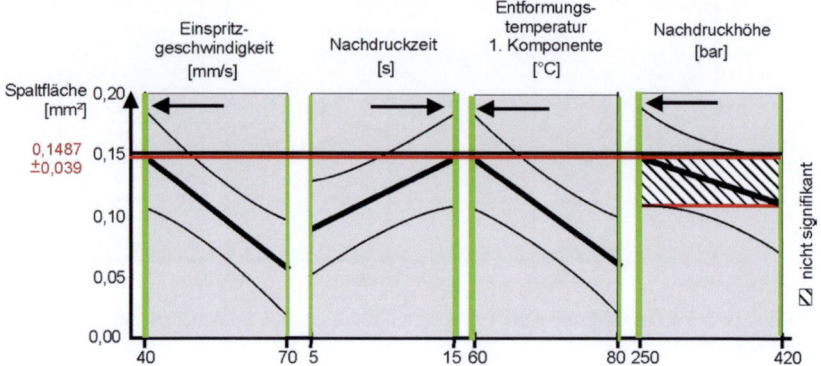

Abbildung 63: Einflussdiagramm der Faktoren auf die Zielgröße im Arbeitspunkt „schlechtestes Ergebnis"

Beim Arbeitspunkt „schlechtestes Ergebnis" erreicht die Spaltfläche mit 0,1487 mm² ihren höchsten Wert. In diesem Fall haben die „Einspritzgeschwindigkeit", die „Nachdruckzeit" und die „Entformungstemperatur der 1. Komponente" einen etwa gleichgroßen Einfluss auf das Ergebnis. Die Nachdruckhöhe hat in diesem Fall keinen eindeutigen Einfluss auf das Ergebnis. Das heißt, man kann statistisch nicht ausschließen, dass durch Ändern des Parameters wirklich eine Verbesserung erzielt wird. Damit ist die Streuung größer als der Einfluss dieses Parameters, also nicht signifikant.

Die Faktoren, die sich bei den Parametereinstellungen des besten Ergebnisses zeigen, sind in Abbildung 64 dargestellt.

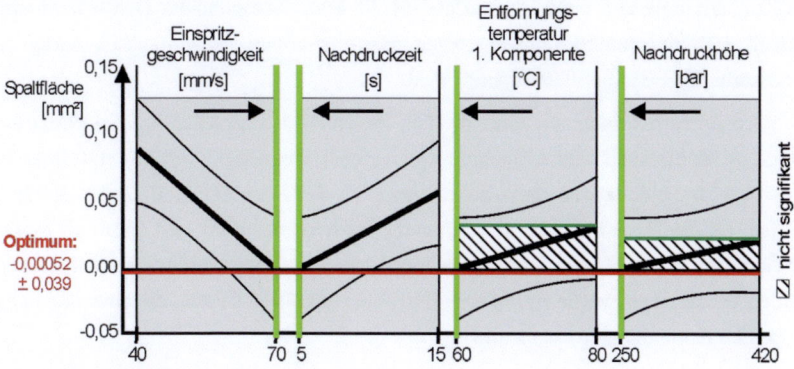

Abbildung 64: Einflussdiagramm der Faktoren auf die Zielgröße im Arbeitspunkt „bestes Ergebnis"

Bei diesem Arbeitspunkt erreicht die Spaltgröße ihren kleinsten Wert. Die Spaltgröße liegt sogar rein rechnerisch unter dem Wert Null, was jedoch durch die Toleranzen der einzelnen Messsysteme bedingt ist.

Die statistische Versuchsplanung ergibt somit, dass mit diesen Parametereinstellungen die besten Ergebnisse erzielt werden. Auf den Röntgenaufnahmen ist bei diesen Einstellungen kein Grat sichtbar. Damit wurde das Ziel, eine Parametervariation zu finden, bei der die Spaltfläche minimal wird, erreicht.

Analysiert man die Ergebnisse im Detail, wird deutlich, dass die „Einspritzgeschwindigkeit" und die „Nachdruckzeit" einen signifikanten Einfluss auf die Spaltgröße haben. Im Gegensatz dazu haben die „Entformungstemperatur der 1. Komponente" und die „Nachdruckhöhe" keinen signifikanten Einfluss. Beste Eigenschaften zeigen sich also bei einer Einspritzgeschwindigkeit von 70 mm/s, einer Nachdruckzeit von 5 s, einer Entformungstemperatur der 1. Komponente von 60°C und einer Nachdruckhöhe von 250 bar. Im Vergleich zu den beiden zuvor genannten Arbeitspunkten ist die Steigung der Geraden der Entformungstemperatur der 1. Komponente positiv statt negativ. Dies ist durch den bereits genannten Sachverhalt bedingt, dass Änderungen der Einflussfaktoren nicht nur Einfluss auf die Zielgröße, sondern auch auf die Einflussfaktoren selbst haben. Aus den durchgeführten Untersuchungen lassen sich damit mehrere Rückschlüsse ziehen. Die höhere Einspritzgeschwindigkeit hat einen signifikanten Einfluss auf den Verbund. Erklären lässt sich dieser Sachverhalt mit der höheren Kontakttemperatur beim Auftreffen auf die erste Komponente. Damit lässt sich auch für weitere Bauteildesigns festhalten, dass eine höhere Einspritzgeschwindigkeit zu besseren Verbundqualitäten führen wird.

Die geringere Nachdruckzeit führt deshalb zu besseren Ergebnissen, weil durch die längere Nachdruckzeit innere Spannungen zu einem Trennen der Strukturen führen. In folgenden Untersuchungen muss beim Einstellen der Nachdruckzeit darauf geachtet werden, ob die Nachdruckzeit zu geringerer Schwindung führt und damit zu einem Einklemmen der LIGA-Strukturen, da hier keine Entformungsschrägen vorgesehen werden können. Das würde zu höheren Entformungskräften führen, die eine Trennung der beiden Komponenten begünstigt.

Um aufzeigen zu können, in wie weit sich die Ergebnisse für den MSG-Prozess eignen, wurden in die Spritzgussteile, die mit dem Parametersatz mit dem besten Ergebnis hergestellt wurden, dem MSG-Prozess folgend galvanisch Mikrozahnräder abgeschieden. Die Dauer der kompletten Füllung der Mikrokavitäten beträgt ca. 24 Stunden.

Abschließend zeigen REM[14]-Aufnahmen, Abbildung 65, welche Ergebnisse mit spaltfreien Zweikomponentenbauteilen erzielt werden.

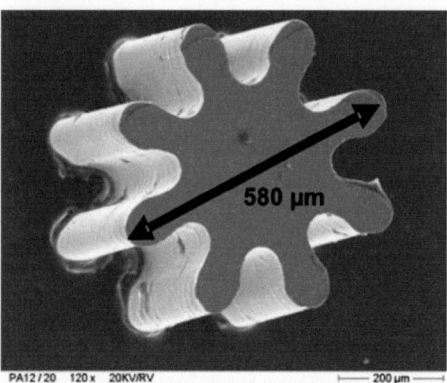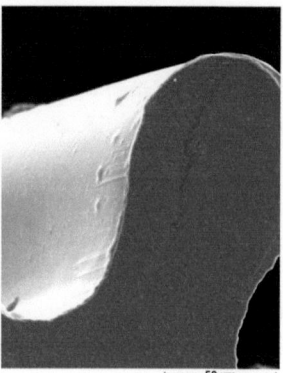

Abbildung 65: Mikrozahnrad und Detail des Zahns, erstellt durch Galvanoformung in MSG-Bauteilen mit optimiertem Parametersatz

---

[14] Rasterelektronenmikroskop

5.4 Resümee zur Vermeidung von Spaltbildung

Die Spaltbildung zwischen den beiden Kunststoffkomponenten kann durch folgende Prozessbedingungen weitestgehend vermieden werden:

- Die Massetemperatur der zweiten Komponente muss hoch gewählt werden. Es muss jedoch darauf geachtet werden, dass die hohe Temperatur zu keiner Verformung der ersten Komponente führt.

- Die Einspritzgeschwindigkeit muss hoch gewählt werden, damit die Temperatur an der Verbundstelle erhöht wird.

- Die Nachdruckhöhe und -zeit muss an den Prozess angepasst werden. Die Erhöhung der Nachdruckzeit führt nicht zwangsläufig zu einem besseren Ergebnis.

Um die Bauteilgröße der abgeschiedenen Mikrokomponenten deutlich zu machen, ist in Abbildung 66 ein Mikrozahnrad auf einem Streichholzkopf platziert.

Abbildung 66: Foto eines mit optimierten Parametern hergestellten Mikrozahnrads auf dem Kopf eines Streichholzes

6 Prozessvalidierung am Beispiel verschiedener Demonstratoren

Die Analyse der Zusammenhänge zwischen Spritzgießparametern und Oberflächen-widerstand zur Abformung von homogen elektrischen Eigenschaften im Spritzgießen ist die wichtigste Basis zur nachfolgenden Herstellung von Mikrobauteilen. Weiterhin lassen sich die benötigten Materialparameter und Spritzgießparameter für einen festen und dichten Verbund zwischen den Zweikomponentenbauteilen durch Anwendung der statistischen Versuchsplanung optimieren. Zur Validierung der Prozessparameter sollen zwei verschiedene Demonstratoren hergestellt und analysiert werden. Dabei handelt es sich um ein Bauteil einer Mikrozange und um Mikroermüdungsproben für die Bestimmung mechanischer Kennwerte von galvanisch abgeschiedenen Schichten. Zu Beginn werden die erarbeiteten Prozessparameter vorgestellt. Passend zu den De-monstratoren werden die Zweikomponentenbauteile entworfen, im Prozess mit den vorgestellten Parametern abgeformt, galvanisch gefüllt und anschließend untersucht. Dabei wird die Replikationsqualität, das heißt die Abweichungen der Dimensionstreue und Oberflächenqualität überprüft, sowie deren Ursachen ermittelt. Die systematische Untersuchung dieser Zusammenhänge zeigt, auf welche Weise die einzelnen Prozess-schritte miteinander verknüpft sind und welchen Einfluss sie auf die spätere Bauteil-qualität haben.

6.1 Ermittelte MSG-Prozessparameter

Für beide Demonstratoren wurden zur Herstellung der jeweils ersten und zweiten Komponente die in der folgenden Tabelle angegebenen Prozessparameter gewählt. Für die erste Komponente ist es dabei entscheidend, die auftretenden Scherkräfte ge-ring zu halten, um eine homogen elektrisch leitfähige Grundplatte zu erzeugen. Mit den hier vorgestellten Prozessparametern konnten die maximal auftretenden Scherra-ten im Angussbereich auf 576/s reduziert werden und dadurch Bauteile mit homogen elektrischem Oberflächenwiderstand von 30 Ω produziert werden.

Tabelle 11: Ausgewählte Prozessparameter für das Zweikomponentenspritzgießen von Bauteilen für den MSG-Prozess

Prozessparameter	1. Komponente	2. Komponente
Material	Vestamid LR1-MHI	Vestamid L 1670 natur
Einspritztemperatur	233°C	220°C
Werkzeugtemperatur	60°C	60°C
Einspritzgeschwindigkeit	1 mm/s (3mm³) → 30 mm/s	70 mm/s
Nachdruck	250 bar	250 bar
Nachdruckzeit	5 s	5 s

6.2 Demonstrator Mikrozange

Für die Validierung der generierten Parametereinstellungen werden Teile einer Mikro-zange über den MSG-Prozess gefertigt. Es handelt sich dabei um die in Abbildung 67 hellblau dargestellten Spulenkerne, die ferromagnetische Eigenschaften haben. Der dunkelblau dargestellte Greifarm hat auch ferromagnetische Eigenschaften, wird je-doch bei dieser Mikrozange über den Kapillardruckguss hergestellt (Michaeli, 2007).

Wird der obere Spulenkern elektrisch induziert, öffnet sich die Zange, da der hintere Teil des Greifarms durch die magnetische Anziehung nach oben gezogen wird. Wird dagegen der untere Spulenkern elektrisch angeregt, schließt sich die Zange. Das phy-sikalische Prinzip, das diesem Effekt zugrunde liegt, ist das Reluktanzprinzip.

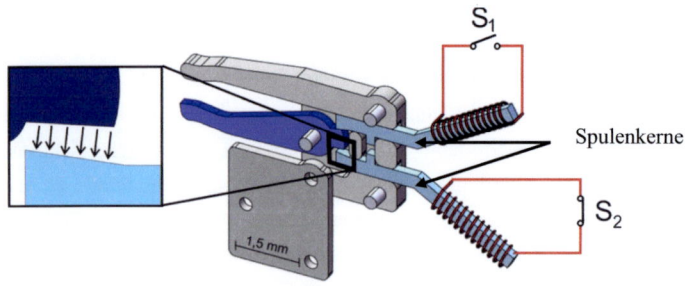

Abbildung 67: Prinzip der Mikrozange mit integrierten Spulenkernen

6.2.1 Fertigungsvorbereitung für die Replikation der Spulenkerne

Das Zweikomponentenbauteil und die dazugehörigen Mikrostrukturen auf dem Formeinsatz zeigt Abbildung 68.

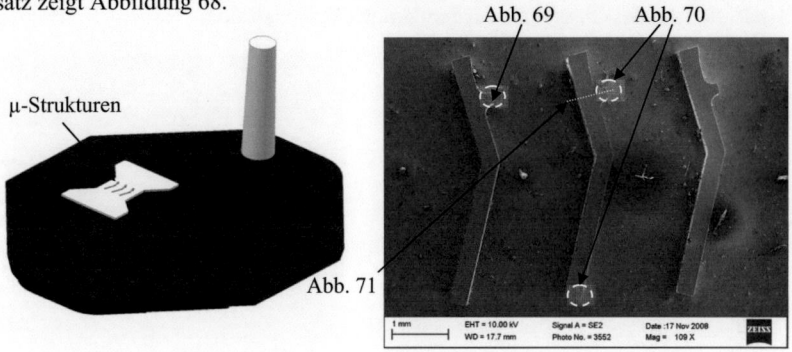

Abbildung 68: Links: Zweikomponentenbauteil für die Replikation der Spulenkerne; Rechts: Detailansicht der Mikrostrukturen auf dem Formeinsatz

Es wurden, wie in Abbildung 68 rechts dargestellt, drei gleiche Mikrostrukturen in einen Messingformeinsatz durch Ultrapräzisionsfräsen eingearbeitet. Basierend auf den Erfahrungen, mit dem zur Herstellung der Mikrozahnräder (Kapitel 5) verwendeten Formeinsatzdesigns, wurde in diesem Bauteil darauf geachtet, die Fließwege der zweiten Komponente sehr kurz und eng zu halten, um eine noch höhere Fließgeschwindigkeit und damit eine höhere Kontakttemperatur zu gewährleisten. Die Analyse der Mikrostrukturen auf dem Formeinsatz zeigt Frässpuren an den Strukturwänden, Abbildung 69.

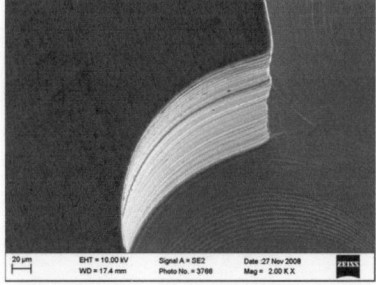

Abbildung 69: Fräsriefen im Formeinsatz verursacht durch das Ultrapräzisionsfräsen an den Seiten der Mikrostrukturen (vgl. Abbildung 68)

Bei detaillierter Betrachtung der Strukturen werden herstellungsbedingte Defekte erkennbar, Abbildung 70. Ursache dafür sind zum einen das Fräsen, das zu Überhängen auf den Bauteilen geführt hat, zum anderen ein nachgelagerter Schleifschritt, durch den Riefen auf der Oberfläche der Strukturen entstanden sind.

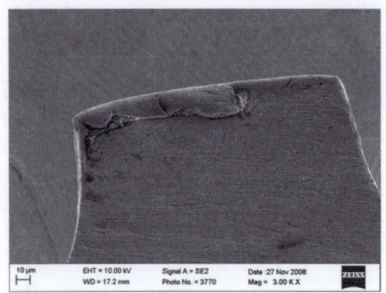 

Abbildung 70: Überhänge und Schleifspuren auf der Oberseite der Strukturen des Formeinsatzes (vgl. Abbildung 68)

Diese Defekte an den Mikrostrukturen werden auch bei der Untersuchung am Weißlichtinterferometer deutlich. In Abbildung 71 links ist die geschliffene Fläche hell dargestellt und rechts zeigt sich die daraus resultierende unebene Oberfläche der Mikrostruktur.

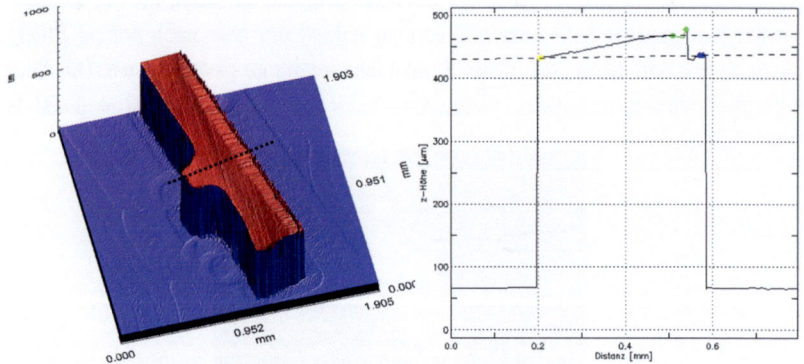

Abbildung 71: Links: Unebenheit auf der mittleren Struktur. Rechts: Linienscan auf der mittleren Mikrostruktur des Formeinsatzes (vgl. Abbildung 68)

Durch diese Besonderheiten der Strukturen lässt sich sehr gut Aufzeigen, in wie weit diese Besonderheiten auch in den replizierten Bauteilen wiederzufinden sind. Durch Vergleich zu den replizierten LIGA-Zahnrädern kann auch der Einfluss des Formeinsatz-Fertigungsverfahrens auf die Qualität der replizierten Bauteile bestimmt werden.

6.2.2 Abformung und Galvanoformung der Spulenkerne

Für die Abformung der Zweikomponentenbauteile werden die bereits vorgestellten Parameter verwendet. Vor der Galvanoformung werden jeweils auf beiden Seiten der Struktur eine Kontaktierung aufgebracht und die leitfähigen Bereiche mit isolierendem Klebeband abgeklebt (Abbildung 72 links). Darauf werden die Formen in das Galvanikbad eingebracht und für 60 Stunden mit Nickel beschichtet (Abbildung 72 rechts).

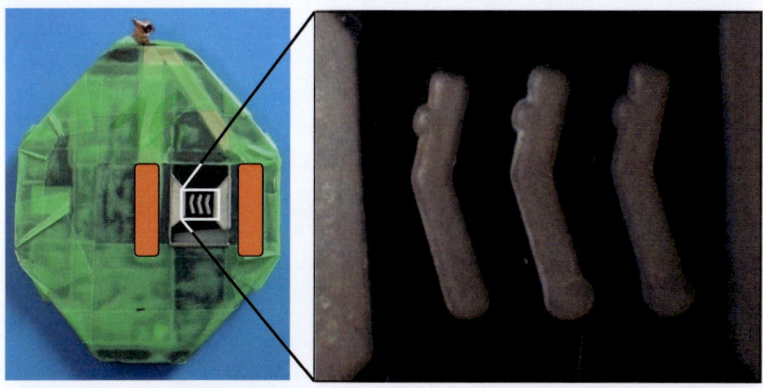

Abbildung 72: Links: Zweikomponentenform nach der Galvanoformung (die grüne Folie dient zur Isolierung); Rechts: Detailansicht der abgeschiedenen Spulenkerne

6.2.3 Nachbearbeitung und Vereinzeln der Spulenkerne

Durch den 60-stündigen Verbleib im Galvanikbad wachsen die Mikrobauteile über die Mikrokavitäten heraus. Um auch Bauteile ohne diese überwachsene Struktur herzustellen, wird ein Teil der Zweikomponentenproben vor dem Entformen geschliffen. Die Zweikomponentenformen dienen dabei als Halterung für den Schleifprozess. Um eine glatte Struktur zu erzeugen, wird zuerst mit einer Körnung von P 320 geschliffen, bis die Überwachsung des Mikrobauteils entfernt ist (Abbildung 73). Vor dem eigentlichen Polieren wird die Struktur noch mit einer Körnung von P 1000 geglättet und abschließend mit einer Körnung von P 2400 poliert.

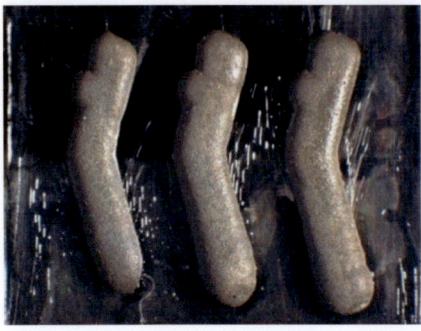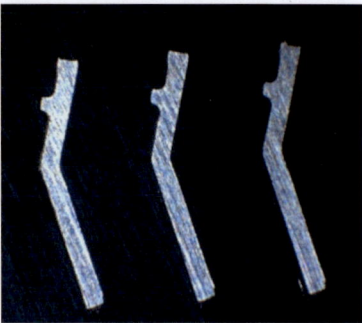

Abbildung 73: Links: Spulenkerne vor dem Schleifen und Polieren; Rechts: Spulenkerne nach dem Schleifen und Polieren

Die Mikrobauteile werden thermisch aus der Kunststoffform entformt. Dazu wird die leitfähige Grundplatte durch eine 200°C heiße Entformungshilfe direkt hinter den Strukturen angeschmolzen und die Bauteile herausgedrückt (Abbildung 74).

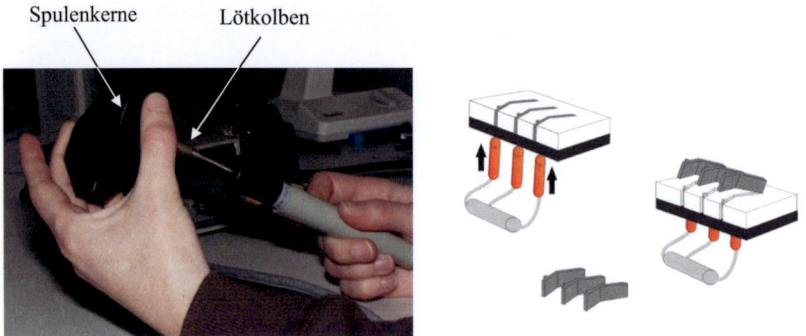

Abbildung 74: Links: Entformung der Spulenkerne mittels Lötkolben; Rechts: Prinzipielle Darstellung der Entformung

Die dadurch replizierten Bauteile zeigen bei der ersten Begutachtung teilweise eine sehr gute Replikation der Mikrostruktur im Formeinsatz. Jedoch zeigen sich auch Defizite, die im Folgenden genauer betrachtet werden.

6.2.4 Untersuchung der replizierten Spulenkerne

Die optische Untersuchung der Bauteile durch das Rasterelektronenmikroskop gibt Aufschluss über die Replikationsfähigkeit des MSG-Prozesses. In Abbildung 75 ist links ein Bauteil mit Überwachung, rechts mit abgeschliffener Struktur zu sehen. Schon bei der ersten Auswertung der Replikationsqualität wird deutlich, dass auf der angussfernen Seite der Struktur eine Abrundung entsteht.

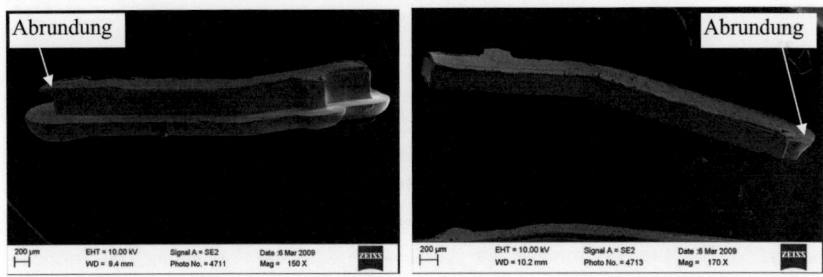

Abbildung 75: Links: Mikrospulenkern mit Überwachung; Rechts: geschliffener Mikrospulenkern

Die Ursache dafür ist das große Breite-zu-Länge-Verhältnis der Mikrostruktur und die Lage des Angusssystems der zweiten Komponente. Durch die optimierten Parameter führt das Zweikomponentenspritzgießen an der Kontaktfläche zwischen erster und zweiter Komponente zu einer festen Verbindung. Beim Abkühlen führt die Schwindung der zweiten Komponente direkt an der Kontaktfläche zur ersten Komponente zu inneren Spannungen. In dem Bereich, der nicht direkt mit der ersten Komponente verbunden ist, führt die Schwindung zu einer Verschiebung in Richtung des Angusssystems. Dadurch ergibt sich diese abgerundete Seitenfläche. Abbildung 76 zeigt die auftretende Schwindung im Schema und direkt an einem Detailausschnitt des Mikrobauteils.

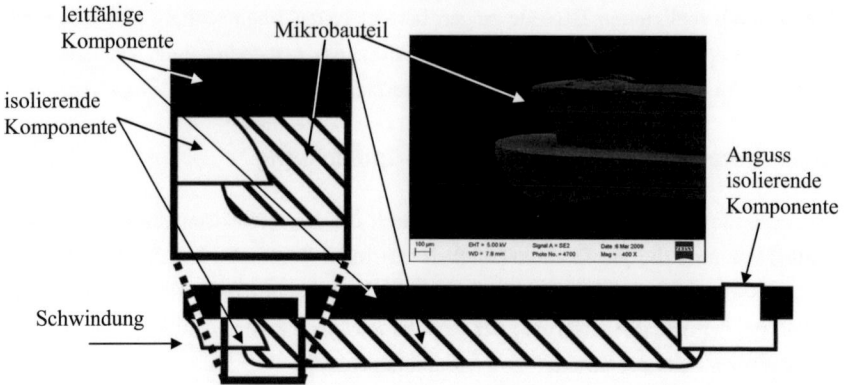

Abbildung 76: Einfluss der Schwindung des Zweikomponentenbauteils auf das Mikrobauteil

Durch die Umgestaltung des Formeinsatzes kann dieser Effekt jedoch bei zukünftigen Abformungen reduziert werden. Mittels Simulation der Schwindung kann der Formeinsatz so gestaltet werden, dass dieser Schwindungseinfluss bereits im Zweikomponentenbauteil berücksichtigt wird. In Abbildung 77 ist dieses Vorgehen schematisch dargestellt. Nach der Simulation der Abformung führt die Anpassung des Formeinsatzdesigns dazu, dass im späteren Mikrobauteil keine Abrundung auftritt.

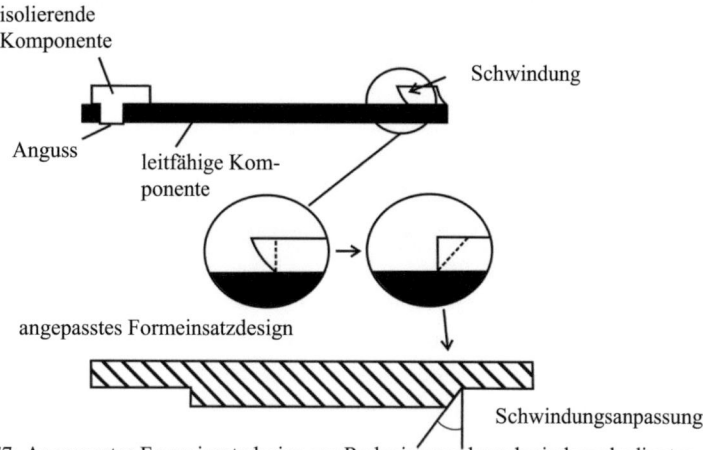

Abbildung 77: Angepasstes Formeinsatzdesign zur Reduzierung der schwindungsbedingten Abrundung im angussfernen Bereich

Bei der weiteren Untersuchung des Formeinsatzes stellt man fest, dass die Struktur der Seitenwände sehr gut repliziert wird. Entgegen der in Kapitel 5 untersuchten Spaltbildung, zeigt sich hier jedoch auf der Startschicht im Grenzbereich eine nach innen gewölbte obere Schicht, Abbildung 78.

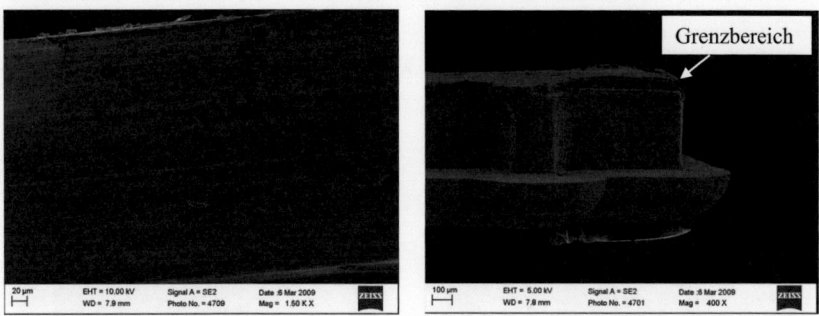

Abbildung 78: Links: Struktur der Seitenwand ; Rechts: Nach innen gewölbte Struktur im Grenzbereich

Die Erklärung dafür liefert die genaue Betrachtung des Formeinsatzes und der Zwei-komponentenbauteile. Der Formeinsatz begünstigt durch die Defekte im Randbereich (vgl. Abbildung 71) ein Unterfließen der Mikrostrukturen am Formeinsatz. In Abbil-dung 79 ist diese Stelle des Formeinsatzes schematisch dargestellt.

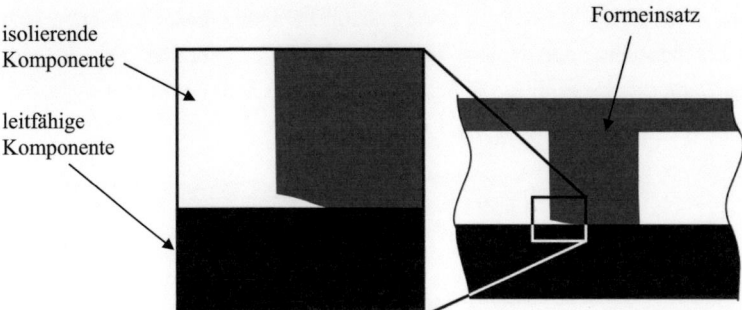

Abbildung 79: Schematische Darstellung des Formeinsatzdefektes, der zum Unterfließen des Formeinsatzes führt

Zudem wurde, wie in 6.2.1 schon beschrieben, der Formeinsatz so optimiert, dass die Fließwege sehr kurz und eng sind, um eine höhere Kontakttemperatur und höhere Einspritzgeschwindigkeit der zweiten Komponente zu erreichen. Durch die höhere Formmassentemperatur und den eingestellten Nachdruck von 250 bar wird dabei, begünstigt durch die unebeneOberfläche am Formeinsatz, die leitfähige Substratplatte lokal verformt. Das führt dazu, dass isolierende Formmasse zwischen Mikrostruktur und die leitfähige Grundplatte gespritzt wird und das Erscheinungsbild der Startschicht ändert, Abbildung 80.

Mikrobauteil

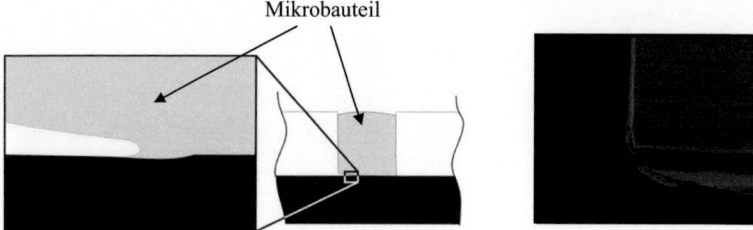

Abbildung 80: Schematische Darstellung der Ursache der Defekte an den Mikrobauteilen bei der Herstellung der Zweikomponentenbauteile

Es zeigt sich somit, dass die Formeinsatzherstellung einen direkten Einfluss auf die Abformgenauigkeit der späteren Bauteile hat. Unter Berücksichtigung der in der vorliegenden Arbeit beschriebenen Effekte und Einflussgrößen der einzelnen Prozessschritte und deren Zusammenwirken, sowie präziser Fertigung, lassen sich optimierte Formeinsätze herstellen und replikationsgetreue Bauteile abformen. Für den gewünschten Demonstrator erfüllen die bereits hergestellten Mikrospulenkörper jedoch die Anforderungen. Abbildung 81 zeigt eine gefertigte Mikrozange mit dem vorgestellten Design.

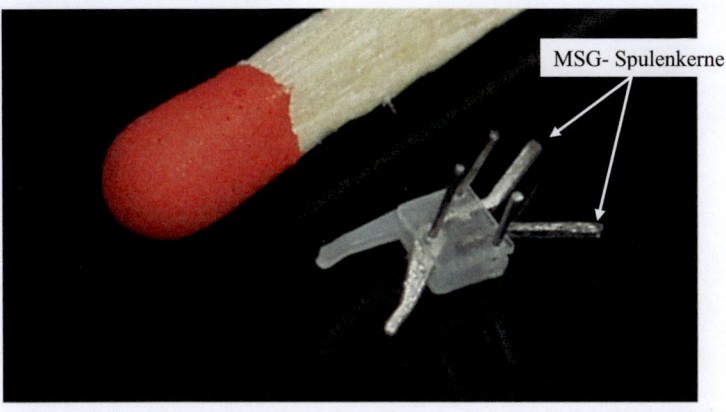

Abbildung 81: Mikrogreifer mit Bauteilen, die durch den MSG-Prozess gefertigt wurden

Beim hier vorgestellten Demonstrator zeigte das Mikropräzisionsfräsen Defizite als Fertigungsverfahren für Strukturen, die anschließend repliziert werden müssen. Um diese Defizite genauer zu untersuchen und an einem anderen Design nochmals zu analysieren, wurde der Formeinsatz für den nächsten Demonstrator sowohl einmal durch das Mikropräzisionsfräsen als auch einmal durch die UV-LIGA Technik hergestellt.

6.3 Demonstrator Mikroermüdungsprobe

Um die mechanischen Eigenschaften von optimierten, galvanisch abgeschiedenen Materialien der Mikrotechnik zu bestimmen, werden Zug-, Biege- und Ermüdungseigenschaften nanokristalliner Legierungen untersucht. Dazu werden mit unterschiedlichen Verfahren Prüfkörper hergestellt. Um auf Mikroebene Aussagen über die Eigenschaften dieser Materialien treffen zu können, ist man auf sehr kleine Proben angewiesen (4–7 mm), die im eigentlichen Prüfbereich Abmessungen im 300 µm-Bereich besitzen.

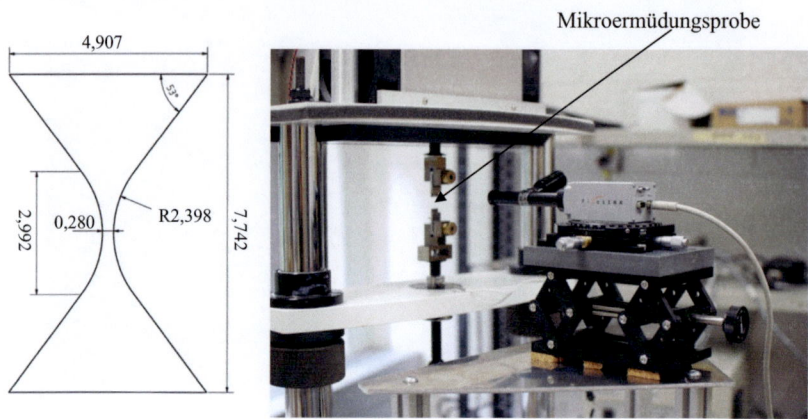

Abbildung 82: Abmessungen der Mikroermüdungsprobe und Ermüdungsprüfapparatur

Abbildung 82 zeigt die Abmessungen einer Ermüdungsprobe und den zugehörigen Messaufbau. Bei solchen Mikrobauteilen ist der Einfluss der Oberfläche bekanntlich wesentlich stärker ausgeprägt als in Makrobauteilen, da das Verhältnis von Oberfläche zu Volumen um Größenordnungen erhöht ist. Zur Herstellung dieser Prüfgeometrien werden auf klassische Herstellmethoden, wie z.B. Drahterodieren und Laserschneiden zurückgegriffen, Abbildung 83.

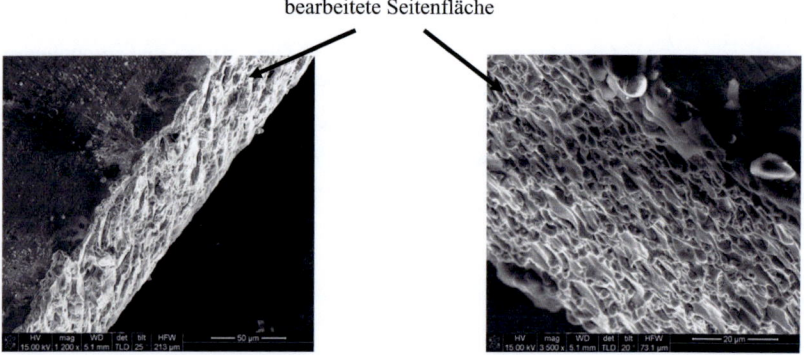

Abbildung 83: Links: Oberfläche einer lasergeschnittenen Mikroermüdungsprobe; Rechts: durch Drahterodieren hergestellte Mikroermüdungsprobe

In Abbildung 83 ist die Oberfläche einer lasergeschnittenen und einer durch Draht-erodieren hergestellten Mikroermüdungsprobe abgebildet. Es kann angenommen werden, dass bei diesen Proben die Defekte an der Oberfläche einen Einfluss auf die mechanischen Kennwerte nehmen. Für die statistische Absicherung von Screening-Versuchen führen diese verfahrensbedingten, unterschiedlichen Oberflächendefekte der Mikroproben zu einer Vielzahl von Versuchswiederholungen. Durch direktlithographische Verfahren hergestellte Proben zeigen bei den mechanischen Untersuchungen eine geringere Streuung. Um den Aufwand und die Kosten gering zu halten, werden die Versuche in der Praxis jedoch auf wenige Legierungszusammensetzungen begrenzt. Dies resultiert unter anderem aus dem Umstand, dass für jede Legierung jeweils ein lithographisch strukturierter Wafer hergestellt werden muss. Durch den MSG-Prozess können dagegen formgleiche Proben mit definierten Legierungszusammensetzungen und sehr guten Oberflächen in großen Stückzahlen hergestellt werden.

6.3.1 Fertigungsvorbereitung für die Replikation der Mikroermüdungsproben

Der Entwurf des Zweikomponentenbauteils für die Replikation der Mikroermüdungsprobe ist in Abbildung 84 dargestellt. Um einen direkten Vergleich der Formeinsatz-fertigungsverfahren durchführen zu können, wird der Formeinsatz zum einen über das Ultrapräzisionsfräsen, zum anderen über die UV-LIGA Technik hergestellt.

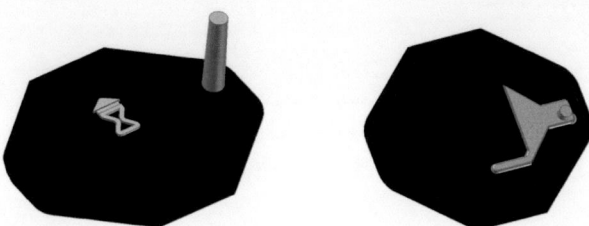

Abbildung 84: Links: Vorderseite der Zweikomponentenform; Rechts: Rückseite der Zwei-komponentenform

Die optische Analyse der Formeinsätze zeigt den direkten Unterschied zwischen den glatten Seitenwänden, die durch das UV-LIGA-Verfahren entstanden sind und den Riefen, die beim Fräsen der Seitenwände entstanden sind, Abbildung 85.

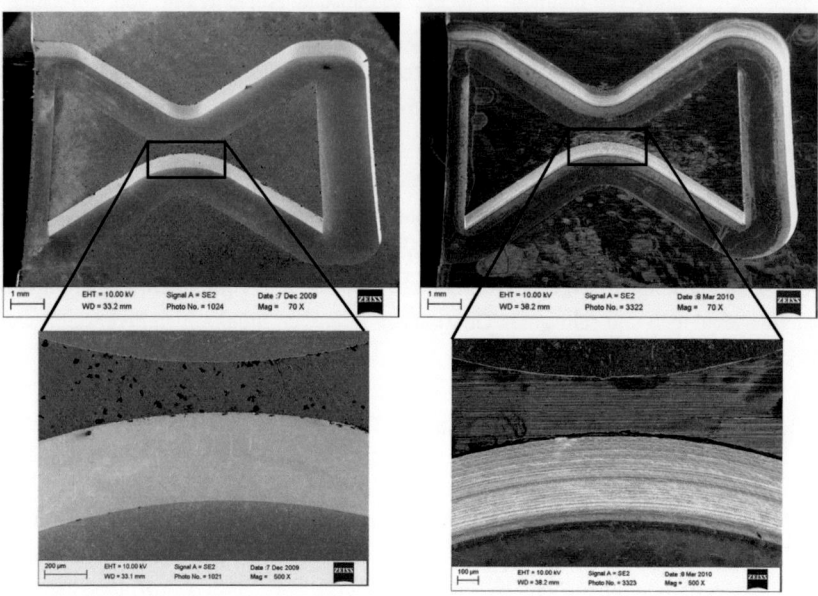

Abbildung 85: Optische Analyse der Formeinsätze; Links: UV-LIGA-Verfahren; Rechts: Ultrapräzisionsfräsen

Die genauere Untersuchung des gefrästen Formeinsatzes zeigt jedoch auch, dass keine Überhänge oder Unebenenheiten auf der Oberfläche aufgetreten sind. Die obere Kante ist jedoch beim LIGA-Verfahren schärfer ausgebildet.

6.3.2 Abformung und Galvanoformung der Mikroermüdungsproben

Für die Abformung der ersten Komponente werden die bereits vorgestellten Parameterwerte verwendet. Anhand der gewonnenen Erkenntnisse aus der Abformung der Spulenkerne wird die Einspritzgeschwindigkeit der zweiten Komponente an die engeren Querschnitte der zweiten Kavität angepasst. Zwar ändern sich dadurch die Einstellparameter der Spritzgießmaschine, allerdings reduziert sich durch den geänderten

Schmelzefluss die Schmelzefließfrontgeschwindigkeit der abgeformten zweiten Komponente nicht. Um die gleiche Fließfrontgeschwindigkeit zu erhalten, wird für die Abformung der Bauteile eine Einspritzgeschwindigkeit von 21 mm/s für die zweite Komponente gewählt. Zudem wird der Nachdruck auf 200 bar reduziert, wodurch bei direkter Betrachtung der Spritzgussbauteile die besten Ergebnisse erzielt wurden. Auch im neuen Design zeigen die Bauteile eine sehr homogene Abscheidung bei der Galvanoformung, Abbildung 86.

Abbildung 86: MSG-Bauteil mit Mikroermüdungsprobe aus gefräster Struktur nach erfolgter Galvanoformung

Um die Bauteile auf Größenänderungen und die äußere Struktur hin untersuchen zu können, werden die Galvanikparameter so gewählt, dass die Strukturen überwachsen werden (60 Stunden). Um nachbearbeitungsfreie Proben für die Zugprüfungen herzustellen, werden bei diesem Demonstrator auch Zweikomponentenbauteile über 24 Stunden abgeschieden. Nach dieser Zeit ist die Mikrokavität noch nicht gefüllt und die Bauteile können direkt, d.h. ohne Nachbearbeitung, in die Anlage zur Ermüdungsprüfung eingesetzt werden.

6.3.3 Vereinzeln der Mikroermüdungsproben

Die Breite der Prüfstelle der Mikroermüdungsprobe beträgt 280 µm. Diese Stelle darf beim Entformungsprozess nicht belastet werden, weil andernfalls die Prüfergebnisse verfälscht werden. Bei Verwendung der thermischen Entformungshilfe wird die Probe zum einen druckbelastet und kann gebogen werden, zum anderen wird die Probe thermisch belastet, was besonders bei nanokristallinen Bauteilen einen Einfluss auf die mechanischen Kennwerte haben kann. Deshalb wurde in diesem Fall die isolierende Komponente mit einem Messer bis nahe an die Struktur abgetrennt und die Ermüdungsprobe von der leitfähigen Komponente abgehoben, Abbildung 87.

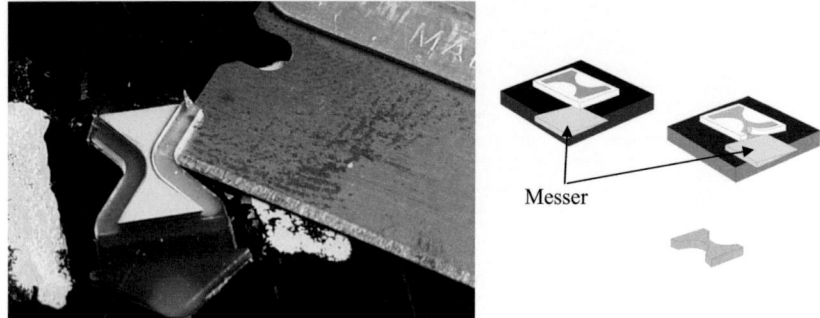

Abbildung 87: Links: Entformungsvorgang; Rechts: Prinzip der Entformung

Im Gegensatz zu den Mikrospulenkernen zeigt die optische Analyse der Bauteile, dass die Oberflächen und Strukturen der Mikroermüdungsprobekörper hervorragend repliziert werden können. Dies gilt nicht nur für die Replikate der LIGA-Struktur, sondern auch für diejenigen des gefrästen Formeinsatzes.

6.3.4 Bauteilanalyse der replizierten Mikroermüdungsprobe

Für die vergleichenden Untersuchungen, wurden aus den unterschiedlich gefertigten Formeinsätzen Zweikomponentenbauteile abgeformt und galvanisch Mikrobauteile abgeschieden. Im Folgenden wird zuerst die Replikation des LIGA-Formeinsatzes und darauf folgend die Replikation des gefrästen Formeinsatzes betrachtet.

Die replizierten LIGA-Strukturen zeigen noch deutlicher das Potential des MSG-Prozesses. Anhand der in Abbildung 88 geteigten Aufnahmen wird deutlich, dass die entwickelten Prozessparameter für die Replikation von LIGA-Strukturen über das Zweikomponentenspritzgießen richtig gewählt wurden.

In Abbildung 88 zeigen Detailaufnahmen die gute Übertragung der Originalstruktur in die neu entstandenen Bauteile.

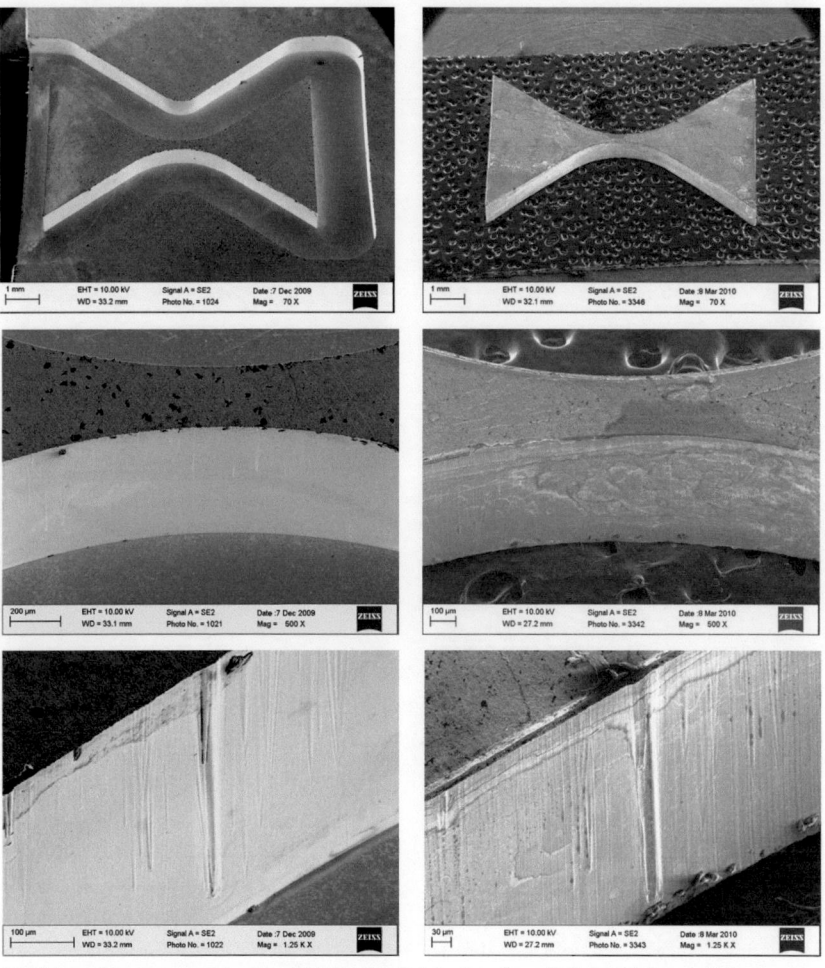

Abbildung 88: Ausgewählte Detailbilder der Originalstruktur (links) und der replizierten Struktur (rechts)

Der gefräste Formeinsatz zeigt ein sehr gutes Replikationsverhalten beim MSG-Prozess. Sowohl die Gesamtstruktur des Bauteils als auch Details können sehr gut repliziert werden. Abbildung 89 zeigt auf der linken Seite die originale Formeinsatzstruktur und rechts das replizierte Mikrobauteil.

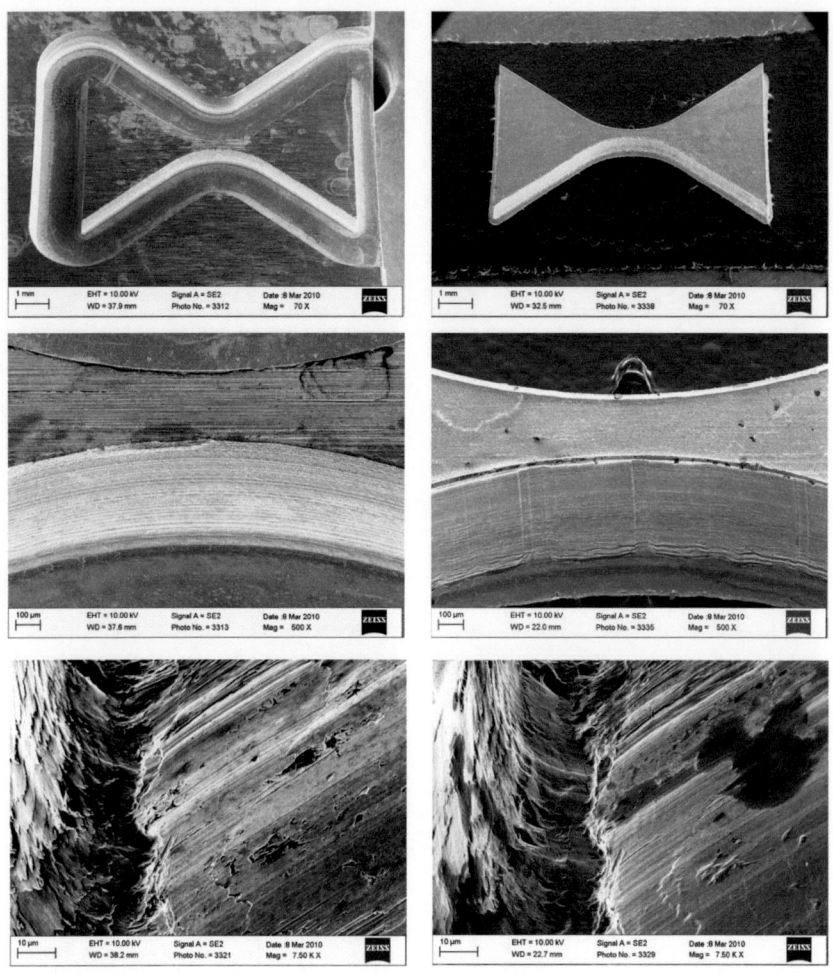

Abbildung 89: Originalstruktur (links) und replizierte Struktur (rechts) gegenübergestellt

6.4 Resümee zur Prozessentwicklung

Es konnte gezeigt werden, dass sich nach gründlicher Prozessanalyse und Verfahrensoptimierung durch Zweikomponentenspritzgießen mikrostrukturierte Bauteile als Ausgangsform für die galvanische Replikation herstellen lassen. Die dazu notwendige Herstellung von Bauteilen mit homogen elektrischen Eigenschaften im Spritzgießen wurde erreicht. Bei allen Demonstratorbauteilen zeigten die in Kapitel 4 generierten Prozessparameter sehr gute Ergebnisse. Auch die ermittelten Materialparameter und Spritzgießparameter für einen festen und dichten Verbund zwischen den Zweikomponentenbauteilen, die in Kapitel 5 erarbeitet wurden, konnten erfolgreich an den Demonstratorbauteilen getestet werden.

Es ist somit gelungen einen neuen Prozess der „zweiten Galvanik" oder auch galvanischen Replikation zu entwickeln. Die qualitative Übersicht des zum Ende des Stands der Forschung vorgestellten Diagramms kann somit um den MSG-Prozess ergänzt werden, Abbildung 90.

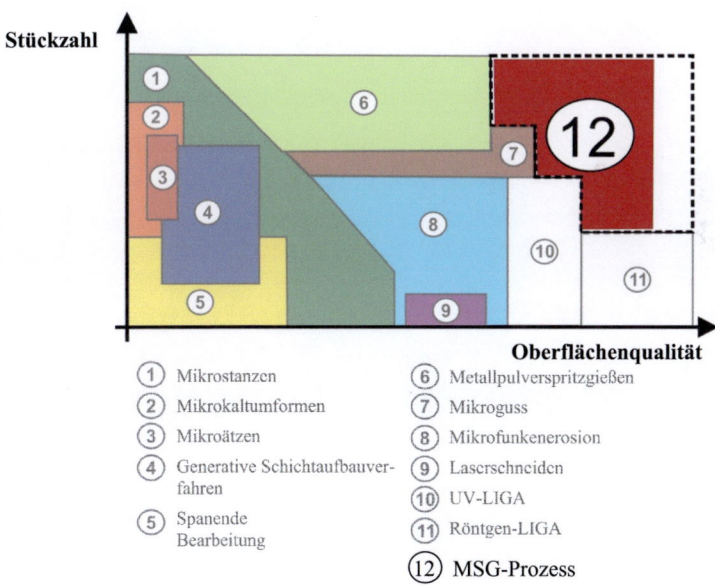

Abbildung 90: Abgeschätzte Einordnung der Fertigungsverfahren für Mikrobauteile (Stückzahl über Oberflächenqualität)

7 Weiterentwicklung der Verfahren für die Mikrogalvanoformung

In den Kapiteln 4-6 wurde die Entwicklung der MSG-Prozesskette, bestehend aus 2K-Spritzgießtechnik mit nachfolgender Galvanoformung, beschrieben. Die gestellten Anforderungen konnten dabei erfüllt werden. Insbesondere zeigt gerade die Verwendung eines LIGA-Formeinsatzes sehr gute Ergebnisse. Jedoch bestehen auch Grenzen des Verfahrens, die dazu führen, dass nicht alle Strukturen kopiert werden können.

Bei der Herstellung von Mikrobauteilen mit Durchbrüchen im µm-Bereich stößt man mit dem MSG-Prozess an dessen Grenzen. Der Durchbruch im metallischen Mikrobauteil muss, wie in Abbildung 91 dargestellt, im Zweikomponentenbauteil durch die elektrisch isolierende Komponente realisiert werden.

elektrisch leitfähige Komponente mit Durchbruch für elektrisch isolierende Komponente

elektrisch isolierende Komponente als Platzhalter für Durchbruch im Mikrobauteil (z.B. 50 µm breit)

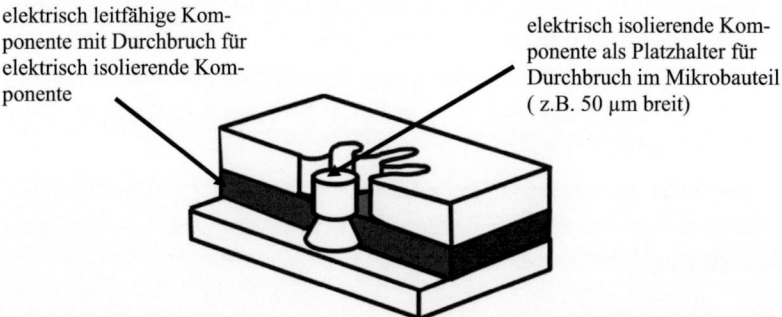

Abbildung 91: Schematische Darstellung des Zweikomponentenbauteils das für die Herstellung eines Zahnrades mit Wellenbohrung verwendet werden kann.

Der isolierende Kunststoff muss dazu zu durch die bereits erkaltete elektrisch leitfähige Komponente durchgeführt werden. Dabei kommt es bei sehr kleinen Durchbrüchen zu mindestens zwei Problemen.

Für die Realisierung des Durchbruchs, muss bei der Herstellung eine stabförmige Struktur mit minimalen Abmessungen umflossen werden, die als Fließwiderstand wirkt. Die durch den Fließwiderstand entstehenden Scherkräfte führen dabei zu einem inhomogenen Scherprofil an der Oberfläche des Bauteils. Wie in Kapitel 4 beschrieben, ist zur Herstellung eines Bauteils mit homogen elektrischem Widerstand darauf zu achten, dass keine Scherratenunterschiede an der Oberfläche auftreten. Das inhomogene Scherprofil an der Oberfläche führt dazu, dass in den Bereichen rund um den Durchbruch ein höherer elektrischer Widerstand auftritt, der die Galvanoformung beeinträchtigt. Dieses Problem könnte jedoch gegebenenfalls durch Füllstoffanpassung und Optimierung der Einspritzgeschwindigkeit und damit geringerer Scherwirkung optimiert werden.

Das grundlegendere Problem liegt in der Tatsache, dass für einen guten Verbund Polymerpartner aus gleicher Polymermatrix Verwendung finden müssen. Dadurch sind auch die Schmelzpunkte des Materials vergleichbar. Beim abformen der elektrisch isolierenden Komponente muss wie in Abbildung 91 zu sehen die elektrisch leitfähige Komponente durchflossen werden. Je kleiner der Durchbruch gestaltet ist umso sicherer ist es, das die isolierende Komponente einfriert, bevor die Struktur ausgefüllt ist.

Der Versuch, das Problem mit Hilfe der im Mikrospritzgießen angewandten variothermen Prozessführung zu vermeiden, ist bei Verwendung des Standard-MSG-Prozesses jedoch nicht möglich, da dadurch die erste Komponente aufschmilzt und selbst in die µ-Kavität geprägt werden würde. Dadurch zeigt sich, dass der MSG-Prozess hinsichtlich der Designfreiheit eingeschränkt ist und nicht beliebige 2,5D-Strukturen abgeformt werden können.

Durch das Verändern der Grenzfläche zwischen den zwei Komponenten lassen sich diese Probleme jedoch durch eine Kombination des Mehrkomponentenspritzgießens mit Folienhinterspritzen beheben.

7.1 Ein- und Mehrkomponentenspritzgießen kombiniert mit Folienhinterspritzen

Vielmehr lassen sich durch Anwendung des Folienhinterspritzens verschiedene Varianten realisieren. Die erste Variante gestaltet sich dabei wie folgt: Zuerst wird in ein Einkomponentenwerkzeug eine Folie eingelegt und das Werkzeug geschlossen. Auf der Auswerferseite befindet sich der Formeinsatz mit den Mikrostrukturen, die kopiert werden sollen. Diese Strukturen werden durch das Schließen des Werkzeuges an die Folie gepresst und die Folie wird hinterspritzt. Dabei werden die Mikrostrukturen, wie in Abbildung 92 dargestellt, umspritzt.

Folienhinterspritzen

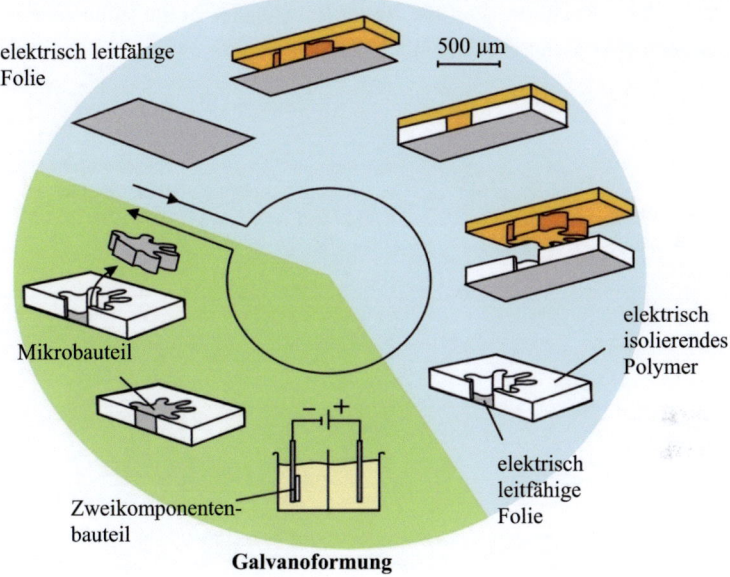

Abbildung 92: Prinzip der Variante I bei der Kombination des MSG-Prozesses mit dem Folienhinterspritzen

Es entsteht ein erster Formkörper aus einer ersten Kunststoffkomponente und einer elektrisch leitfähigen Folie, die entweder aus einem Metall mit einer Beschichtung für den besseren Verbund oder aus einer Kunststofffolie mit einem leitfähigen Lack beschichtet, besteht. Dadurch wird eine zurückgesetzte Elektrode gefertigt, durch die metallische Mikrobauteile über die Galvanoformung gefertigt werden können.

Um jedoch die vorgestellten Probleme bezüglich dem Füllen von „µ-Kavitäten" zu lösen, ist die Verwendung einer zweiten Polymerkomponente und damit auch eines Zweikomponentenwerkzeuges notwendig, Variante II. Auch hier wird die in 3.1.3 vorgestellte Indexplattentechnik verwendet, um das Bauteil von der ersten in die zweite Kavität umzusetzen. In diesem Fall wird jedoch das Bauteil nicht aus der ersten Kavität entformt, sondern es wird nur die Angussseite freigegeben, Abbildung 93. Nach dem Umsetzen wird eine Hohlkavität freigegeben, in die eine zweite Kunststoffkomponente gespritzt wird. Durch kleinste Durchbrüche in der Folie an den defi-

nierten Stellen der μ-Kavitäten kann die zweite Komponente in die Hohlräume ein-
dringen und auch diese kleinsten Strukturen abformen.

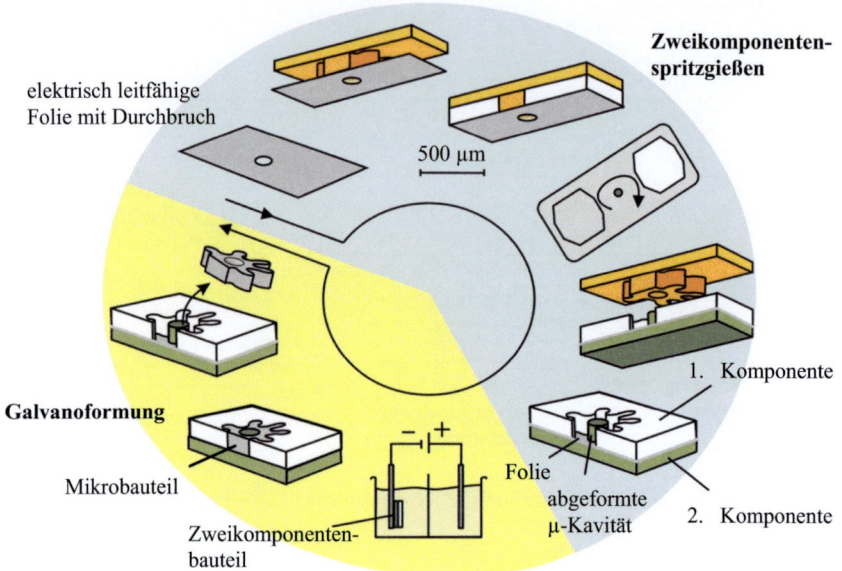

Abbildung 93: Prinzip der Variante II bei der Kombination des MSG-Prozesses mit dem Fo-
     lienhinterspritzen

Entgegen dem „Standard-MSG-Prozess", kann bei diesem Verfahren eine zweite
Komponente verwendet werden, die einen geringeren Schmelzpunkt als die erste
Komponente hat. Dadurch kann die zweite Komponente auch variotherm abgeformt
werden, ohne die erste Komponente aufzuschmelzen. Da auf der Folie die Verbindung
der beiden Komponenten stattfindet, kann die Folie in diesem Fall je nach Polymerpartner auf beiden Seiten unterschiedliche Beschichtungen aufweisen. Ein weiterer
Vorteil der Folientechnik ist die Unabhängigkeit der ersten von der zweiten Komponente. Dadurch kann je nach abzuformender Mikrostruktur das am besten geeignete
Material verwendet werden. Es können dabei auch verzugsarme Materialien wie PPS

abgeformt werden. Nach dem Ende des Einspritzvorgangs wird das Dreikomponentenbauteil entformt und steht als Vorform für die Galvanoformung zur Verfügung.

Durch eine dritte Variante des vorgestellten Folienhinterspritzens können auf beiden Seiten der Folie gleichzeitig Mikrobauteile hergestellt werden, Abbildung 94. Dazu wird in der zweiten Kavität ein weiterer strukturierter Formeinsatz verwendet und auch in dieser Kavität die Strukturen auf die zweite Seite der Folie gepresst.

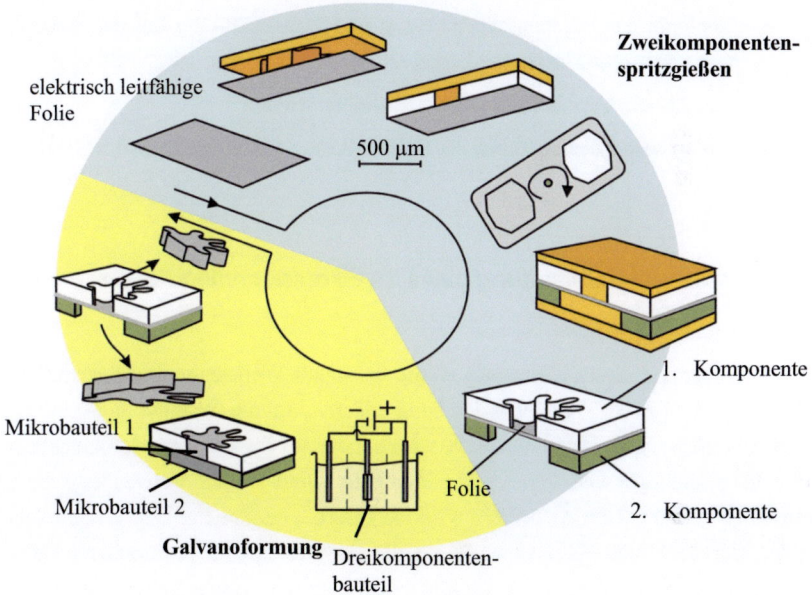

Abbildung 94: Prinzip der Variante III bei der Kombination des MSG-Prozesses mit dem Folienhinterspritzen

Nach dem Entformen des beidseitig strukturierten Bauteils wird es in ein doppeltes Galvanikbad eingebracht und die Strukturen auf beiden Seiten galvanisch gefüllt, siehe Abbildung 94. Dadurch lassen sich unterschiedlichste Strukturen in einem Arbeitsgang herstellen.

Abschließen lassen sich für diese neuen Verfahrensvarianten gegenüber dem „Standard-MSG-Prozess" folgende Vorteile festhalten:

- die Leitfähigkeit ist sehr hoch und auch in beliebigen Designs homogen
- der Oberflächenwiderstand bei Verwendung einer Metallfolie ist vernachlässigbar
- die Oberfläche der Folie kann für einen festen Verbund beschichtet werden
- Probleme der Formeinsatzabnutzung und Prozessführung bei der Herstellung von Strukturinseln wird vereinfacht
- Grenzen des Verfahrens können verschoben werden
- es können auf beiden Seiten der Folie Mikrostrukturen hergestellt werden
-

7.2   Entwurf und Realisierung eines Zweikomponenten-Folienwerkzeuges

Für die Umsetzung dieses Konzeptes wurde ein neues Werkzeug entwickelt. Dabei wurde, wie schon in der Prozessbeschreibung erläutert, auf die bekannte Indexplattentechnik zurückgegriffen. Die Indexplatte wird bei diesem System vom Maschinenausstoßer herausgefahren und durch einen Hydraulikzylinder unter Verwendung einer Zahnstange gedreht. Zum Auswerfen wird ein extern angesteuerter Linearmotor verwendet, der über eine Rampenbewegung die Auswerferplatte positionieren kann. Dadurch lassen sich sehr geringe Geschwindigkeiten der Auswerfer realisieren und die Mikrostrukturen definiert entformen, Abbildung 95.

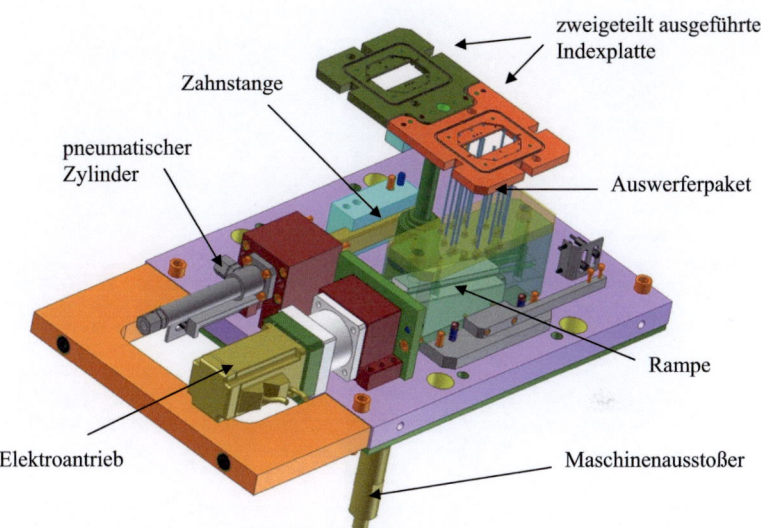

Abbildung 95: Realisierung der Auswerferbewegung durch Elektroantrieb und Rampe; Realisierung der Drehbewegung der Indexplatte über einen pneumatischen Zylinder und eine Zahnstange

Die für das Mikrospritzgießen notwendigen besonderen werkzeugtechnischen Eigenschaften wie die Evakuierung, aber auch die variotherme Prozessführung mittels elektrischen Heizern und das Wechseln von Formeinsätzen sind in dieser Werkzeugkonstruktion realisiert. Die besondere Herausforderung lag hierbei in der thermischen Trennung des Werkzeugblocks zu den Kavitäten und die thermische Trennung der beiden Kavitäten voneinander. Dies ist die Voraussetzung, um in beiden Kavitäten mit unterschiedlichen Temperaturen arbeiten zu können. Dazu wurden die beiden Kavitäten durch einen Spalt voneinander getrennt und zusätzlich eine geteilte Indexplatte konstruiert. Um die Kavitäten vom Werkzeugaufbau zu trennen, wurden Wärmedämmplatten eingesetzt und für die Trennung der einzelnen Kavitäten auf der Indexplatte wurde eine thermische Trennung über eine Wärmebrücke konstruiert, Abbildung 96. Durch diese konstruktiven Maßnahmen kann eine individuelle, variotherme Prozessführung der jeweiligen Kavitäten realisiert werden.

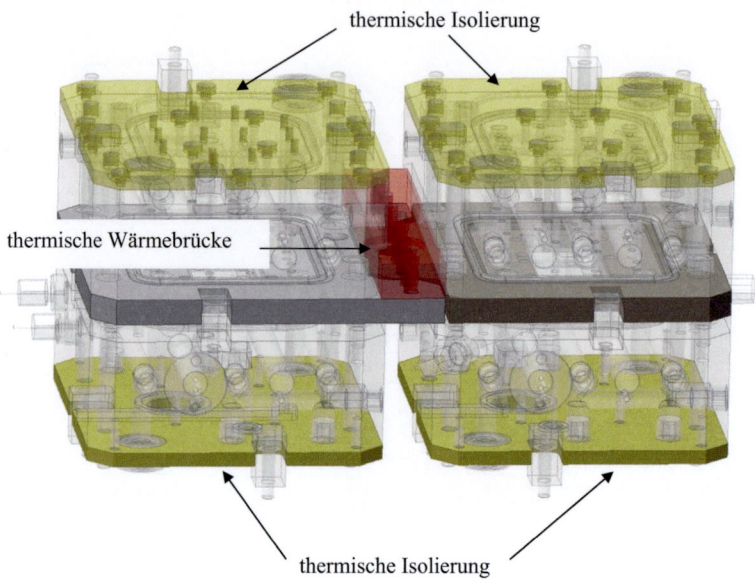

Abbildung 96: Thermische Trennung der Kavitäten in Richtung Werkzeugaufbau und thermische Trennung der zweigeteilten Indexplatte

Als vorteilhaft hat sich bei dieser Technik, gerade im Hinblick auf die Abformung kleinster Strukturen, die direkte Anspritzung über ein Heißkanalsystem für die erste Komponente und die Schmelzeführung der zweiten Komponente über einen Heißkanal mit angegliedertem Kaltkanal gezeigt. Über den Anguss an dem Kaltkanalbereich kann das Bauteil aus dem Werkzeug automatisch entnommen werden. In die erste Kavität wurde ein Spalt und Führungsstifte eingebracht, um die Folie positionieren und hinterspritzen zu können, wodurch es möglich wird, partiell elektrisch leitfähige Formen für die galvanische Replikation mit Hilfe von leitfähigen Folien und isolierenden Materialien herzustellen. Die Detailkonstruktion und die Realisierung der vorgestellten Konzepte wurden von der Firma z-werkzeugbau gmbh aus Dornbirn / Österreich durchgeführt. Abbildung 97 zeigt das geöffnete Werkzeug mit um 30° gedrehter Indexplatte.

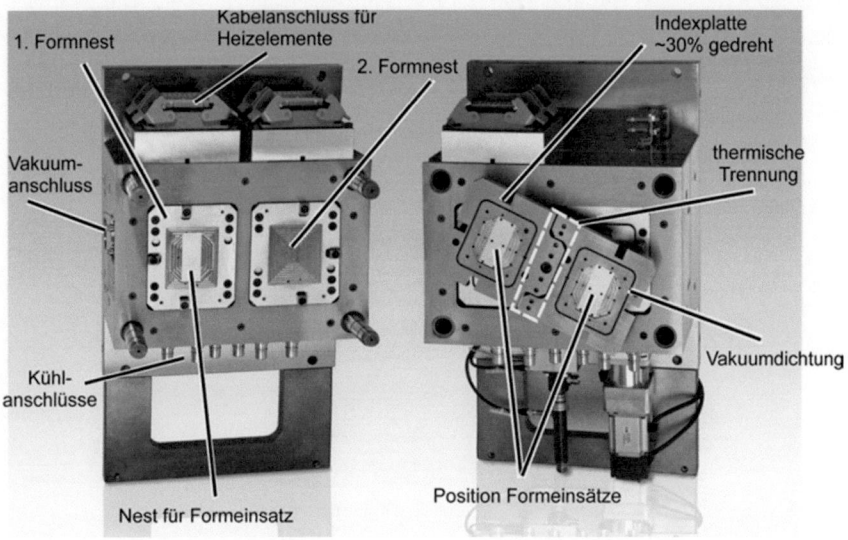

Abbildung 97: Werkzeug Folienhinterspritzen, links Düsenseite, rechts Auswerferseite

Mit diesem Werkzeug lassen sich alle drei vorgestellten Varianten der Kombination aus Folienhinterspritzen und MSG-Prozess herstellen. Eine zusätzliche Möglichkeit, komplexe Mikrobauteile herzustellen, ist die Erweiterung der Galvanoformung um eine nicht leitfähige Komponente, welche im folgenden Unterkapitel vorgestellt wird.

7.3 Montagegalvanoformung

Hintergrund der „Montagegalvanoformung" ist die Idee, zweikomponentige Bauteile in einem Fertigungsschritt ohne nachgelagerte Montage herzustellen. Dazu wird ein elektrisch isolierendes Mikrobauteil vor der Galvanoformung in die Mikrokavitäten des MSG-Prozesses eingebracht. Das Bauteil kann auch zuvor, bei Herstellung der Zweikomponentenform, in den Spritzgießprozess als Einlegeteil integriert werden. Dieses Dreikomponentenbauteil wird anschließend galvanisch beschichtet. Da das eingebrachte Mikrobauteil keine elektrische Leitfähigkeit aufweist, wirkt es bei der Galvanoformung wie die isolierenden Strukturwände. Dadurch wird das Bauteil von

Metall umschlossen und man kann das Zweikomponententeil aus dem Kunststoff herauslösen. Durch dieses Verfahren lassen sich komplette Mikroeinheiten, wie zum Beispiel ein Zahnrad mit Welle, in einem Prozessschritt herstellen, Abbildung 98.

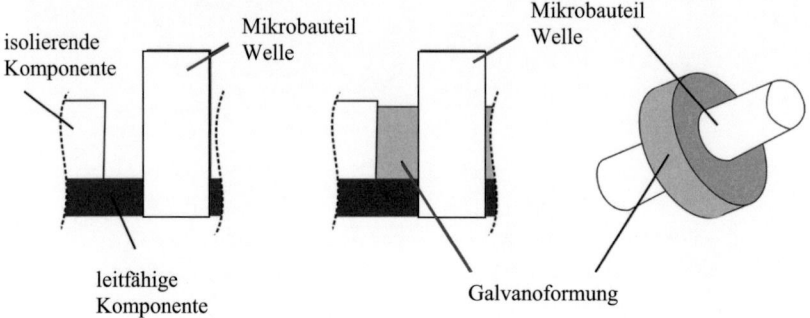

Abbildung 98: Prinzip der Montagegalvanik in 2K-Bauteilen

Auch beim MSG-Prozess, kombiniert mit dem Folienhinterspritzen, kann diese neue Montageart eingesetzt werden. Bei Verwendung der vorgestellten Variante, mit beidseitigem Folienhinterspritzen, können sogar dreikomponentige Mikrobauteile hergestellt werden. Dafür müssen die Mikrokavitäten, die auf beiden Seiten der Folie durch Spritzgießen erstellt werden, so angeordnet sein, dass sie sich gegenüber liegen. In dem Bereich der Folie, der zwischen den einzelnen Kavitäten liegt, ist in diesem Fall ein Loch integriert. In dieses Loch kann vor der Galvanoformung ein zusätzliches Mikrobauteil eingebracht werden. Dieses Bauteil verbindet, wie in Abbildung 98 links dargestellt, die beiden Kavitäten miteinander. Wird auf beiden Seiten Metall abgeschieden und die Kunststoffform entfernt, erhält man ein Bauteil aus drei Komponenten. In Abbildung 99 ist die Montagegalvanoformung bei Verwendung im MSG-Prozess, kombiniert mit dem Folienhinterspritzen, am Beispiel einer Getriebestufe dargestellt.

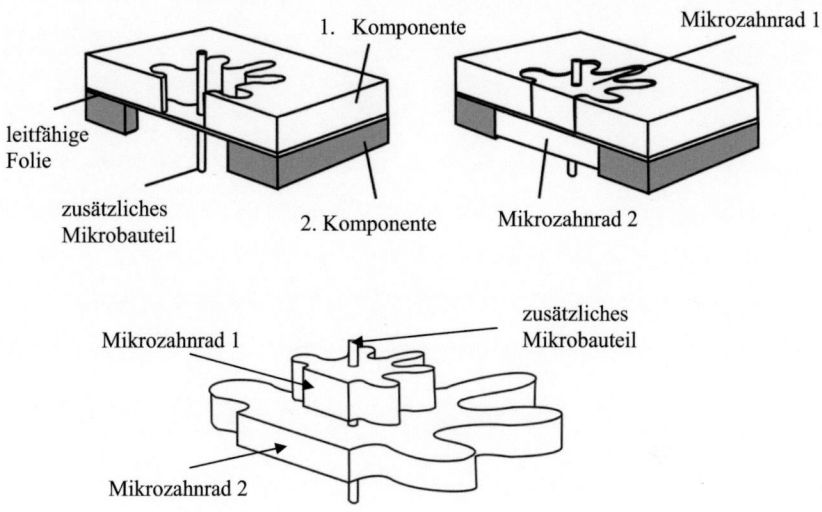

Abbildung 99: Prinzip der beidseitigen Galvanoformung in Bauteilen, die durch Kombination des MSG-Prozesses mit dem Folienhinterspritzen hergestellt wurden

Neben dem dadurch ersparten Montageaufwand können durch dieses Verfahren die Bauteile zueinander positioniert werden. Besonders bei rotationssymetrischen Bauteilen ist dies eine wichtige Voraussetzung für den erfolgreichen Einsatz in einem Mikrosystem. Durch dieses neue Verfahren, das nur durch den MSG-Prozess kombiniert mit dem Folienhinterspritzen, realisiert werden kann, zeigt sich nochmals das Potential dieser neuen Entwicklung.

8 Zusammenfassung und Ausblick

Für die erfolgreiche Weiterentwicklung der Mikrosystemtechnik ist es unerlässlich, bestehende Verfahren zur Herstellung von metallischen Mikrobauteilen zu optimieren und neue Verfahren zu entwickeln. Nur dadurch können neue Produkte wirtschaftlich hergestellt werden.

Dazu wurde ein Verfahren entwickelt, bei dem über das Mehrkomponentenspritzgießen, kombiniert mit der Galvanoformung, kurz MSG-Prozess, metallische Mikrobauteile mit Oberflächenqualitäten entstehen, die vergleichbar mit der LIGA-Technik sind.

Das Besondere an dieser neuen Prozessfolge, die in Abbildung 100 schematisch dargestellt ist, ist die Kombination aus dem Massenfertigungsverfahren Spritzgießen und der Galvanoformung, die für die Herstellung von Mikrobauteilen bislang nur in der LIGA-Technik angewendet wird. Durch diese neue Fertigungskette können Mikrobauteile in LIGA-Qualität auch in Massenanwendungen eingesetzt werden.

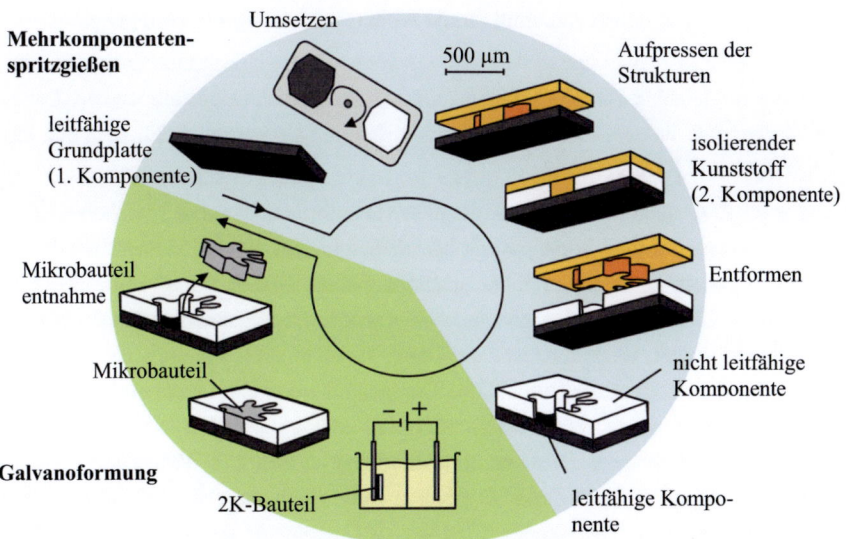

Abbildung 100:   Schematischer Ablauf des MSG-Verfahren

In dem Verfahren wird die hohe Abformgenauigkeit des Kunststoffspritzgießens dazu genutzt, um durch Galvanoformung Strukturen hochgenau metallisch zu replizieren. Dadurch entstehen Bauteile mit vergleichbar guten Oberflächenqualitäten. Der Prozess unterteilt sich in folgende Teilschritte:

Zuerst wird eine leitfähige Grundplatte in einem Zweikomponentenspritzgießwerkzeug erzeugt und durch einen Umsetzprozess in eine zweite Position gebracht.

Anschließend wird ein Formeinsatz mit Strukturen, die zum Beispiel über das LIGA-Verfahren hergestellt worden sind und ein hohes Aspektverhältnis aufweisen können, auf die leitfähige Grundplatte gepresst, mit nicht-leitfähigem Kunststoff umspritzt und dann entformt.

Nach dem elektrischen Kontaktieren wird diese Vorform in ein Galvanikbad gesetzt und durch Galvanoformung metallische Mikrokomponenten abgeschieden. Die Metallabscheidung startet dabei auf dem leitfähigen Grund der Mikrokavitäten, die durch die isolierende Komponente begrenzt werden. Dadurch entstehen metallische Mikrobauteile mit der identischen Kopie der originären Strukturen, die durch das Zweikomponentenspritzgießen abgeformt wurden.

Diese Bauteile können, vergleichbar zum LIGA-Verfahren, abgeschliffen und entformt werden und stehen daraufhin für die Weiterverarbeitung zur Verfügung.

Durch die Entwicklung des MSG-Prozesses können Bauteile mit Oberflächenqualitäten, die vergleichbar zur LIGA-Technik sind, wirtschaftlich hergestellt werden. Dabei steht der MSG-Prozess nicht in Konkurrenz, sondern als wirtschaftlich sinnvolle Ergänzung zum LIGA-Verfahren.

Das erste Ziel, Bauteile über das Spritzgießen abzuformen, die ohne Nachbearbeitung durch Galvanoformung homogen mit Metall beschichtet werden können, wurde erreicht. Vielmehr konnten, durch die Herstellung eines eigenen Compounds, nicht nur elektrische Oberflächenwiderstände erreicht werden, die den aktuellen Stand der Forschung verbessern, sondern anhand der Untersuchungen eine Anleitung gegeben werden, wie auch kommerziell erhältliche Compounds verarbeitet werden müssen, um homogen elektrische Oberflächenwiderstände zu erzielen. Dabei ist es auch gelungen, direkte Zusammenhänge zwischen Simulationsergebnissen und Widerstandsmessungen aufzuzeigen. Anhand dieser Ergebnisse steht nicht nur dem MSG-Prozess ein Verarbeitungsfenster von elektrisch leitfähigen Compounds zur Verfügung, sondern es können auch homogene Widerstände auf anderen Bauteildesigns realisiert werden.

Das zweite Ziel der Arbeit, Zweikomponentenbauteile ohne Spalt zwischen der ersten und zweiten Komponente für den MSG-Prozess abzuformen, konnte ebenfalls erreicht werden. Dafür wurde eine Materialkombination ausgewählt, Formteile hergestellt und der Einfluss der Spritzgießparameter auf die Grenzfläche der beiden Polymere analysiert. Die kritische Analyse der Verbundstelle wurde mit Hilfe einer neuen Röntgenschattenmethode durchgeführt. Diese neue Technik steht dadurch auch für die Analyse der Spaltbildung bei weiteren Designs dieser speziellen Zweikomponentenproblematik zur Verfügung. Anhand von Ergebnissen aus der statistischen Versuchsplanung können fehlerfreie Mikrobauteile reproduzierbar hergestellt werden. Es stehen damit für die gewählte Materialkombination Einflussdiagramme zur Verfügung, die für zukünftige Designs als Grundlage dienen und damit den Versuchsaufwand minimieren.

Durch gezielte Versuchsserien wurden darauf die generierten Ergebnisse verifiziert und aufgezeigt, welche Anforderungen an das Formeinsatzdesign gestellt werden müssen.

Dadurch konnten erfolgreich Mikroermüdungsproben für die Ermittlung mechanischer Kennwerte von galvanisch abgeschiedenen Materialien hergestellt werden. Anhand dieser Bauteile lässt sich zum Beispiel sowohl der Einfluss der Oberflächenqualität auf die mechanischen Kennwerte ermitteln, als auch ein systematisches Screening von Galvanikparametern durchführen (Funk, et al. 2009). Damit stehen am Ende nicht nur für den MSG-Prozess optimierte Materialien zur Verfügung, sondern auch für die galvanische Abscheidung, die z.B. in der LIGA-Technik Verwendung findet.

Durch die Fertigung eines Demonstratorbauteils, welches in einer Mikrozange eingesetzt wird, zeigt die MSG-Fertigungstechnik auch eine erfolgreiche Anwendung in einem Mikrosystem.

Anhand der erarbeiteten Ergebnisse konnten neue Wege aufgezeigt werden, die die Limitierungen des bestehenden MSG-Prozesses in zukünftigen Projekten anhand der Kombination des Zweikomponentenspritzgießens mit dem Folienhinterspritzen erweitern. Dazu wurden Konzepte vorgestellt, durch die metallische und keramische μ-Mehrkomponentenbauteile hergestellt werden können. Damit lassen sich die Einsatzmöglichkeiten des MSG-Prozesses in Richtung Designfreiheit deutlich erweitern. Die dazu notwendige Werkzeugtechnik wurde entwickelt und das realisierte Werkzeug vorgestellt. Damit sind die notwendigen Grundlagen der Weiterentwicklung des MSG-Prozesses, kombiniert mit dem Folienhinterspritzen, vorgelegt und stehen für die Realisierung dieser Fertigungstechnik zur Verfügung.

Das Gesamtziel, mit dem MSG-Prozess ein neues Verfahren zur wirtschaftlichen Fertigung metallischer Mikrobauteile zu realisieren, konnte erreicht werden. Für die Zukunft sind jedoch noch weitere Untersuchungen zur Prozessoptimierung notwendig. Dazu zählt die Simulation der Schwindungseinflüsse vor und während der Entformung. Dadurch kann eine Anleitung gegeben werden, welche Abstände zwischen den einzelnen Strukturen bestehen müssen, um eine fehlerfreie Entformung zu realisieren. Als weiterer Schritt ist die systematische Entwicklung der Kombination aus MSG-Prozess und dem Folienhinterspritzen zu sehen. Dazu zählt, neben der Untersuchung der Wechselwirkungen zwischen der Beschichtung der Folie und dem Kunststoff, die Analyse der erreichbaren minimal abformbaren Details. Die beschriebene Prozesstechnik steht dann als fortschrittliches Verfahren der Mikrostrukturierungstechnik zur Verfügung.

9 Abbildungsverzeichnis

10 Tabellenverzeichnis

11 Literaturverzeichnis

[1] Abele, E., und N Charrad. *Technologie der Fertigungsverfahren II*. Darmstadt: Technische Universität Darmstadt, 2009.

[2] Abgrall, P., V. Condera, H. Camon, A.-M. Gue, und N.-T. Nguyen. „Review: SU-8 as a structural material for labs-on-chips and microelectromechanical systems." *Electrophoreses*, 2007: 4539-4551.

[3] Aigeldinger, G., J. T. Ceremuga, und D.M. Skala. „Large batch dimensional metrology demonstrated in the example of LIGA fabricated spring." *Microsystem Technologies*, 2005: 379-384.

[4] Arendt, M. „Direkt-Liga für die Herstellung von Zahnrädern." *Galvanotechnik*, 2006: 2256-2259.

[5] Attia, U. M., S. Marson, und J.R. Alcock. „Micro-injection moulding of polymer microfluidic devices." *Microfluid Nanofluid*, 2009: 1-7.

[6] Awiszus, B., J. Bast, und H. Dörr. „Grundlagen der Fertigungstechnik." 330. München: Carl Hanser Verlag GmbH & Co. KG, 2007.

[7] Bach, F. W., K. Möhwald, J. Prehm, K. Hartz-Behrend, und R. Roxlau. „Gießformen mit Kapillareffekt: Neuartiges Gießverfahren für Mikrokomponenten." *Giesserei Erfahrungsaustausch*, 2009: 22-23.

[8] Bacher, W., H. Biedermann, und M. Harmening. Verfahren zur Herstellung von galvanisch abformbaren Negativformen mikrostrukturierter, plattenförmiger Körper. Patent DE4010669C1. 03. April 1990.

[9] Bacher, W., und V. Saile. *LIGA: Von der Trenndüse zu Zahnrädern für Luxusuhren*. Nachrichten - Forschungszentrum Karlsruhe , 2006.

[10] Baumeister, G., et al. *Herstellung metallischer Mikrobauteile unter Einsatz verlorener Kunststoffformen*. Nachrichten - Forschungszentrum Karlsruhe, 2002, S.198-209.

[11]—. „New results on microcasting of Al bronze." *Microsystem Technologies*, 2008: 1813-1821.

[12] Becerer, M. *Praktikum Elektronische Bauelemente - Theoretische Grundlagen - Versuch 4: Elektrische Eigenschaften des Halbleiters*. Technische Universität München: Lehrstuhl für Technische Elektronik, 2009.

[13] Becker, E, W. Bier, und W. Münchmeyer, D. Ehrfeld. Verfahren zum Herstellen von Trenndüsenelementen. Patent DE 3206820C2. 26. 2 1982.

[14] Becker, E. W., et al. „Production of Separation Nozzle Systems for Uranium Enrichment by a Combination of X-Ray Lithography and Galvanoplastics." *Naturwissenschaften*, 11 1982: 520-523.

[15] Bischof, C., und W. Possart. *Adhäsion - Theoretische und experimentelle Grundlagen.* Berlin: Akademie-Verlag, 1983.

[16] Brinkmann, S. *Verbesserte Vorhersage der Verbundfestigkeit von 2-Komponenten-Spritzgießbauteilen.* RWTH Aachen: Dissertation, 1996.

[17] Brockmann, W. *Klebtechnik: Klebstoffe, Anwendungen und Verfahren.* Weinheim: Wiley-vch, 2005.

[18] Bruyne, N.A. de. „The Physics of Adhesion." *Journal of Scientific Instruments*, 1947, 2 Ausg.: 29-35.

[19] Bullinger, H.J. *Technologieführer – Grundlagen, Anwendungen, Trends.* Springer Verlag GmbH & Co. KG, 2006.

[20] Cabot. *Verarbeitungsrichtlinien für Cabelec Compounds.* Cabot Corporation, 2006.

[21] Clingerman, M.L. *Development and Modelling of electrically conductive composite materials.* Michigan Technological University: Dissertation, 1998.

[22] Distrupol. „Types of 2K Technology." *Distrupol.* 2007. www.distrupol.com/downloads/Types_of_2K_Technology.pdf (Zugriff am 04. Dezember 2007).

[23] Domeier, L., J. Hruby, und A. Morales. Sacrificial plastic mold with electroplatable base. USA Patent US000006422528B1. 17. Januar 2001.

[24] Dornfeld, D., S. Min, und Y Takeuchi. „Recent Advances in Mechanical Micromachining." *CIRP Annals*, 2006.

[25] Eberhardt, W., und M. Münch. *Verbundfestigkeit von Thermoplasten bei Zwei-Komponenten-MID-Technik für miniaturisierte Mikrosystemgehäuse.* Stuttgart: Hahn-Schickard-Gesellschaft, 2001.

[26] Ebert, R., et al. *microSINTERING - ein neues Verfahren der Mikrobearbeitung: Abschlussbericht des vom BMBF geförderten Verbundprojektes "Vakuum SLS".* Birlinghoven: Fraunhofer Publica, 2004.

[27] Ehrfeld, W., P. Hagmann, A. Maner, D. Münchmeyer, und E. Becker. Verfahren zum Herstellen einer Vielzahl plattenförmiger Mikrostrukturkörper aus Metall. Patent DE3537483C1. 22. 10 1985.

[28] Ehrfeld, W., V. Hessel, H. Löwe, Ch. Schulz, und L. Weber. „Materials of LIGA-Technology." *Microsystem Technologies*, 1999: 105-112.

[29] Engelke, R., et al. „Investigations of SU8 removal from metallic high aspect ratio microstructures with a novel plasma technique." *Microsystem Technologies*, 2008: 1607-1612.

[30] Finnah, G. *Verfahrensentwicklungen beim Mehrkomponenten-Spritzgießen zur Herstellung von keramischen und metallischen Mikrobauteilen.* Institut für Mikrosystemtechnik, Freiburg: Dissertation, 2005.

[31] Finnah, G., et al. Verfahren zur Herstellung von Metall- und Keramik-Mikrobauteilen. DE Patent DE 120 36 812 A1. 10. August 2002.

[32] Finnah, G., K. Naumann, N. Holstein, V. Piotter, R. Ruprecht, und J. Haußelt. „Herstellung von metallischen Mikrokomponenten durch Einlegespritzgießen und anschließende Galvanoformung." *Galvanotechnik*, 2004: 2776-2780.

[33] Fischer, P. *Vorlesung VLSI Design: Bauelemente und Layout.* Mannheim: Universität Mannheim, 2003.

[34] Funk, M., C. Eberl, K. Bade, und J. Prokop. *Prozesskette und Vorgehensweise für das Materialscreening zur Optimierung von Legierungszusammensetzungen für galvanisch abgeschiedene Mikrobauteile aus Ni-Fe, Ni-W oder AU-Legierungen.* KIT, Campus Nord: Anschubsfinanzierung des Kompetenzfelds Mikrotechnologie / Matter and Materials, 2009.

[35] FZK. *Herstellung von Mikrobauteilen mit Methoden der Mechanischen Mikrotechnik.* 2005. www.fzk.de/fzk/groups/ttb/documents/internetdokument/id_057441.pdf (Zugriff am 06. Oktober 2009).

[36] Gebhardt, A. *Generative Fertigungsverfahren. Rapid Prototyping. Rapid Tooling, Rapid Manufacturing.* München: Hanser Fachbuch, 2007.

[37] Gessner, T. „Review of the 2nd German Congress on Microsystem Technologies." *Microsystems Technology in Germany 2008*, 2008: 40.

[38] Gieger, B. *Design of Experiments - Einführung in die statistische Versuchsplanung.* Winterthur: TQU AG, 2009.

[39] Gilg, R. „Ruß für leitfähige Kunststoffe." In *Schriftenreihe Pigmente*. Degussa, 1979.

[40] Gilg, R.G. „Ruß und andere Pigmente für leitfähige Kunststoffe Regensburg." *Elftes Fachforum Elektrisch leitfähige Kunststoffe: Eigenschaften, Prüfung, Anwendungen*, 2002.

[41] Grellmann, W., und S. Seidler. *Zerstörungsfreie Kunststoffprüfung.* München: Carl Hanser Verlag GmbH & Co. KG, 2005.

[42] Grundlach, C. *Entwicklung eines ganzheitlichen Vorgehensmodells zur problemorientierten Anwendung der statistischen Versuchsplanung.* Kassel: kassel university press GmbH, 2004.

[43] Haberstroh, E., M. Hölzel, und M. Koch. „Polymer mit Netzwerk." *Plastverarbeiter*, 2004: 84.

[44] Hagmann, P., und W. Ehrfeld. „Fabrication of Microstructures of Extreme Structural Heights by Reaction Injection Molding, International Polymer Processing IV (1989) 3, p.188-1995." *International Polymer Processing*, 1989: 188-1995.

[45] Hänggi, R. „Grenzenlose Qualität mit Tempolimit." *Stamper*, 2009: 6-7.

[46] Harmening, M., und W. Ehrfeld. *Untersuchungen zur Abformung von galvanisierbaren Mikrostrukturen mit großer Strukturhöhe aus elektrisch isolierenden und leitfähigen Kunststoffen.* Eggenstein-Leopoldshafen: Kernforschungszentrum Karlsruhe, 1990.

[47] Heimer, T., M. Werner, J. Ilgner, T. Köhler, und S. Mietke. *Die Zukunft der Mikrosystemtechnik. Chancen, Risiken, Wachstumsmärkte.* Weinheim: Wiley-VCH Verlag GmbH & Co. KGaA, 2005.

[48] Heldele, R. *Entwicklung und Charakterisierung von Formmassen für das Mikropulverspritzgießen.* Institut für Mikrosystemtechnik Freiburg: Dissertation, 2008.

[49] Heldele, R., S. Rath, L. Merz, R. Butzbach, M. Hagelstein, und J. Haußelt. „X-ray tomography of powder injection moulded parts using synchroton radiation." *Nuclear Instruments and Methods in Physics Research Section B: Beam Interactions with Materials and Atoms*, 2006: 211-216.

[50] Hoffmann, J. *Informationsdienst Wissenschaft e. V.* Forschungszentrum Karlsruhe in der Helmholzgemeinschaft. 12. Juli 2007. idw-online.de/pages/de/news218586 (Zugriff am 12. 07 2009).

[51] Holstein, N., G. Schanz, J. Konys, V. Piotter, und R. Ruprecht. „Metallic microstructures by electroforming from conducting polymer templates." *Microsystem Technologies*, 2005: 179-185.

[52] Irlinger, F. *Skript der Vorlesung*. Lehrstuhl für Mikrotechnik und Medizingerätetechnik Universität München. 2007. http://www2.mimed.mw.tum.de/Lehre/Mikrotechnische_Sensorik+Aktorik/SS07/06_Fertigung_RP.pdf (Zugriff am 17. März 2009).

[53] Jaroschek, C. *Spritzgießen von Formteilen aus mehreren Komponenten*. RWTH Aachen: Institut für Kunststoffverarbeitung, Dissertation, 1994.

[54] Jelinek, T. W. *Praktische Galvanotechnik. Lehr- und Handbuch*. Saulgau: Eugen G. Leuze Verlag, 2005.

[55] Jeon, Y., und F. Pfefferkorn. „Effect of Laser Preheating the Workpiece on Micro end Milling of Metals." *Journal of Manufacturing Science and Engineering*, 02 2008.

[56] Johannaber, F., und W. Michaeli. *Handbuch Spritzgießen*. München: Carl Hanser Verlag, 2004.

[57] Kirsch, U., und R. Degen. „Wirtschaftliche Herstellung von Mikrozahnrädern durch Galvanische Abformung." *Oberflächen Polysurfaces*, 2008: 9-11.

[58] Klemm, E., M. Rudek, G. Markowz, und R. Schütte. „Mikroverfahrenstechnik." In *Chemische Technik - Band 2: Neue Technologien*, von Winnacker-Küchler, 809. Wiley VCH, 2004.

[59] Kleppmann, W. *Taschenbuch Versuchsplanung - Produkte und Prozesse optimieren*. München: Hanser Wirtschaft, 2008.

[60] Knothe, J. *Elektrische Eigenschaften von spritzgegossenen Kunststoffformteilen aus leitfähigen Compounds*. RWTH Aachen: Institut für Kunststoffverarbeitung, 1996.

[61] Kouba, J., et al. „SU-8: promising resist for advanced direct LIGA applications for high aspect ratio mechanical microparts." *Microsystem Technologies*, 2007, Volume 13 Ausg.: 311-317.

[62] Krishnan, N., und J. Cao. „Study of the Size Effects on Friction Conditions in Microextrusion Experiments and Analysis." *Journal of Manufacturing Science and Engineering*, 08 2007: 669-676.

[63] Kuhmann, K. *Prozess- und Materialeinflüsse beim Mehrkomponentenspritzgießen*. Technische Fakultät der Friedrich-Alexander Universität Erlangen-Nürnberg: Dissertation, 1999.

[64] Kühnert, I. *Grenzflächen beim Mehrkunststoffspritzgießen*. Technische Universität Chemnitz: Dissertation, 2005.

[65] Lambertz, S. *Entwicklung eines kontinuierlichen Extraktionsverfahrens zur Reinigung von Kunststoffschmelzen mittels überkritischem Kohlendioxid.* Rheinisch-Westfälische Technische Hochschule Aachen: Fakultät für Maschinenwesen, 2006.

[66] Lorenz, H., M. Despont, P. Vettiger, und P. Renaud. „Fabrication of photoplastic high aspect ratio microparts and micromolds using SU-8 UV resist." *Microsystem Technologies*, 1998.

[67] Lorenz, J. *Untersuchungen der Eignung von hochgefüllten Kunststoffen (Kupferfasern und niedrigschmelzende Metalllegierungen) für die Galvanoformung.* Laborversuche im Forschungszentrum Karlsruhe , 2008.

[68] Maner, A. Verfahren zur Reproduktion eines strukturierten, plattenförmigen Körpers. DE Patent DE 2842611 C1. 17. Dezember 1988.

[69] Meyer, P., O. Mäder, V. Saile, und J. Schulz. „Comparison of measurement methods for microsystem components: application to microstructures made by the deep x-ray lithography process (x-ray LIGA), Measurements Science and Technology 20 (2009) IOP Publishing Ltd." *Measurements Science and Technology*, 2009, 20 Ausg.

[70] Michaeli, W., et al. „Mit neuen Prozessketten zu wirtschaftlicher Mikrofertigung." *Mikroproduktion*, 2007.

[71] Micrometal GmbH. „Unternehmensbrochüre." Micrometal GmbH, 2009.

[72] Naumann, K. *Untersuchung zum Abformverhalten bei der Herstellung von Mikrobauteilen durch das Verfahren "Zweite Galvanik".* Forschungszentrum Karlsruhe: Diplomarbeit, 2003.

[73] Neumann, F. *Kompetenznetze.* 2009. http://www.kompetenznetze.de/netzwerke/mikro-mst-rhein-main/kn151/miniaturisiertes-kardangelenk/imagePrint (Zugriff am 13. 10 2009).

[74] —. *Mikrosystemtechnik für Analytik und Diagnostik.* Herausgeber: MST Rhein Main. 6. 07 2008. www.mst-rhein-main.de/ebob/get_ebobmedia.php?rOid=130959045079153 (Zugriff am 24. 07 2009).

[75] Olympus. *Olympus - Mikroskope - Imaging Analysis Software.* 2009. www.olympus.de/microskopy/35_18.htm (Zugriff am 11. 10 2009).

[76] Oskotski, E., et al. Form zur Abscheidung eines Werkstoffs aus einem Elektrolyten, Verfahren zu ihrer Herstellung und ihre Verwendung sowie

Verfahren zur Herstellung eines Werkstoffs. DE Patent DE 102 36 812 A1. 10. August 2002.

[77] Ouyang, P.R., R.C. Tjiptoprodjo, W. J. Zhang, und G.S. Yan. „Micro-motion devices technology: The state of arts review." *The International Journal of Manufacturing Technology*, 2007: 463-478.

[78] Piotter, V., R. Ruprecht, J.H. Haußelt, und J. Schrök. „Verfahren zur Herstellung von LIGA-Metallstrukturen durch Galvanoformung in verlorenen Kunststoffformen, Jahrbuch Oberflächentechnik 1996, S. 33-44." In *Jahrbuch Oberflächentechnik 1996*, von A. Zielonka, 33-44. Heidelberg: Hüthig Verlag, 1996.

[79] Piotter, V., T. Mueller, K. Plewa, J. Prokop, H.-J. Ritzhaupt-Kleissl, und J. Hausselt. „Manufacturing of complex shaped ceramic components by micropowder injection molding." *The International Journal of Advanced Manufacturing Technology*, 2009.

[80] Piotter, V., und R. Ruprecht. *Stand und Entwicklungen beim Spritzgießen von Mikroteilen*. Baaden Baaden: VDI-K Fachtagung Spritzgießen, 2006.

[81] Regenfuß, P., R. Ebert, S. Klötzer, L. Hartwig, H. Exner, und T. Petsch. „Mikrobauteile durch Lasersintern im Vakuum." *Lasersinterinstitut Mittelsachsen*. 2004. laz.htwm.de/3_forschung/21_mikrosintern/9_ver%F6ffentlichung/Mikrobauteile %20durch%20Lasersintern.pdf (Zugriff am 26. März 2009).

[82] Rippel, W., und N. Holtmann. *ZfP-Praktikum: Röntgenprüfung - Röntgenstrahlprüfung mit Mikrofokus*. Universität Stuttgart: Institut für Kunststofftechnik, 2009.

[83] Ronniger, C. U. *Xsel® 10.0*. CRGraph. München, 2008.

[84] Ruprecht, R., et al. „Mikroabformung in Kunststoff, Metall und Keramik." *Galvanotechnik*, 2005.

[85] Saile, V. „Commerzialisation of LIGA: a 25-year retrospective." *International Journal of Technology Transfer and Commercialisation*, 2008, Volume 7 Ausg.: 188-193.

[86] Schanz, G., E. Walch, M. Guttmann, C Nold, und J. Konys. *Entwicklungsarbeiten für einen Standartprozeß der serientauglichen galvanischen Abformung verlorener Kunststoff-Formteile ("Zweite Galvanik") Prinzip der ungerichteten Abformung*. Forschungszentrum Karlsruhe, 2001.

[87] Schmachtenberg, E. „Impulsreferat Forschungstrends in der Kunststofftechnik."
2007. www.ffg.at/getdownload.php?id=1209 (Zugriff am 04. Dezember 2007).

[88] Schuck, M. *Kompatibilitätsprinzipien beim Montagespritzgießen.* Technische
Fakultät derUniversität Erlangen-Nürnberg: Dissertation, 2009.

[89] Schulz, J. „Gespräch mit Dr. Schulz." Forschungszentrum Karlsruhe: microworks
GmbH, 2009.

[90] Schulz, J., P. Meyer, und V. Saile. „LIGA – von der Technologieentwicklung zur
Fertigungsorganisation." *Mikrosystemtechnik-Kongress 2005*, 2005: 463-469.

[91] Schwartz, G., L. Hahn, H. Skupin, U. Gengenbach, und G. Bretthauer.
„Automatisierung der LIGA Produktion." *Konferenzband
Mikrosystemtechnikkongress*, 2009.

[92] Simona. *Produktinformation Elektrisch leitfähige Kunststoffe.* Kirn: Simona,
2006.

[93] Spanier, G. *Entwicklung und Optimierung von HF-Mikrofederkontaktelementen
zur temporären Kontaktierung von Mikrosystemkomponenten.* Fakultät für
Elektrotechnik und Informationstechnik RWTH Aachen: Dissertation, 2007.

[94] Steinbichler, G., und R. Bauer. „Paarung mit noch ungenutztem Potential."
Kunststoffberater, 2007: 37-41.

[95] Thienel, P., E. Broer, und C. Vitz. „Oberflächenfehler an thermoplastischen
Spritzgießteilen, Teil 1." *Plastverarbeiter*, 1995: 95-97.

[96] Vollmer, H., W. Ehrfeld, und P. Hagmann. *Untersuchung zur Herstellung von
galvanisierbaren Mikrostrukturen mit extremer Strukturhöhe durch Abformung
mit Kunststoff im Vakuum Reaktionsgießverfahren.* Eggenstein Leopoldshafen:
Kernforschungszentrum Karlsruhe, 1987.

[97] Wanner, A, J Rögner, B. Okolo, und A. Kienzler. „Werkstoffe für die
Mikrosystemtechnik." *Mikrosystemtechnik - Anwendungen, Fertigungsverfahren,
Herausforderungen.* 18. Mai 2009. http://materialia.de/MST-
Ringvorlesung_Wanner_20090518.pdf (Zugriff am 18. September 2009).

[98] Weber, R. *Physik 1: Teil I: Klassische Physik - Experimentelle und theoretische
Grundlagen.* Vieweg+Teubner, 2007.

[99] Wittenbeck, P. *Oberflächenbehandlung von Kunststoffen am Beispiel der
Plasmabehandlung von Polypropylen.* Universität Bayreuth: Dissertation, 1994.

[100] Zinckgraf, S. „Erfolgreich auf fremdem Terrain: Trends & Marktchancen:
Elektrisch leitfähige Kunststoffe." *Plastverarbeiter*, 2007: 56-59.

[101] Zöllner, O. *Grundlagen zur Schwindung von thermoplastischen Kunststoffen.* Leverkusen: Bayer AG, 2000.